世界第一簡單的
演算法

世界第一簡單的
演算法

世界第一簡單的
演算法

圖解 × 程式 × 刷題機器人

Grokking Algorithms, Second Edition

Aditya Y Bhargava 著
郭柏堅、陳婉婷 譯
施威銘研究室 監修

MANNING

感謝您購買旗標書,
記得到旗標網站
www.flag.com.tw
更多的加值內容等著您⋯

<請下載 QR Code App 來掃描>

● FB 官方粉絲專頁:旗標知識講堂

● 旗標「線上購買」專區:您不用出門就可選購旗標書!

● 如您對本書內容有不明瞭或建議改進之處,請連上
旗標網站,點選首頁的 聯絡我們 專區。

若需線上即時詢問問題,可點選旗標官方粉絲專頁
留言詢問,小編客服隨時待命,盡速回覆。

若是寄信聯絡旗標客服 email,我們收到您的訊息
後,將由專業客服人員為您解答。

我們所提供的售後服務範圍僅限於書籍本身或內
容表達不清楚的地方,至於軟硬體的問題,請直接
連絡廠商。

學生團體	訂購專線:(02)2396-3257 轉 362
	傳真專線:(02)2321-2545
經銷商	服務專線:(02)2396-3257 轉 331
	將派專人拜訪
	傳真專線:(02)2321-2545

國家圖書館出版品預行編目資料

世界第一簡單的演算法 / Aditya Y Bhargava 著;
郭柏堅,陳婉婷 譯. -- 初版. -- 臺北市:
旗標科技股份有限公司, 2024.09   面; 公分

譯自:Grokking Algorithms, Second Edition

ISBN 978-986-312-804-5(平裝)

1.CST: 演算法

318.1   113011791

作   者╱Aditya Y Bhargava

翻譯著作人╱旗標科技股份有限公司

發 行 所╱旗標科技股份有限公司

台北市杭州南路一段15-1號19樓

電   話╱(02)2396-3257(代表號)

傳   真╱(02)2321-2545

劃撥帳號╱1332727-9

帳   戶╱旗標科技股份有限公司

監   督╱陳彥發

執行企劃╱林佳怡

執行編輯╱林佳怡、陳彥發

美術編輯╱林美麗

封面設計╱陳憶萱

校   對╱林佳怡

新台幣售價: 599 元

西元 2024 年 9 月初版

行政院新聞局核准登記-局版台業字第 4512 號

ISBN 978-986-312-804-5

推薦序 Foreword

程式設計學習熱潮空前熱門，有些以程式設計為業的人（如軟體工程師或網頁開發人員）不學不行，但還有很多行業雖然以前不用寫程式，但現在和將來都不得不學，而程式設計也能幫助人們了解身處的科技世界。

然而並非所有人都能因程式設計受益，在北美資料科學 (CS) 專案中，女性和某些族裔／種族的參與程度明顯偏低。如何讓更多樣化的群體接觸到程式設計與資科科學，就成了至關重要的事。雖然有克服偏見、培訓更多師資、提供更多樣化學習體驗等解方，但我們一樣得吸引更多人「投入」。

我之所以欣賞 Bhargava 的書，是因為它用一種嶄新的方式介紹演算法。要打造高效率的程式，不能不學演算法。有些人會說，學習演算法沒有捷徑：就是弄本演算法數學書來讀，然後就懂了。他們會那樣說是因為他們當初有時間這樣學，也必須這樣學，但不是所有人都有那個力氣用同樣的方法學。有些人還預設別人學習演算法的動機，不過那些假設都不太務實。

其實我個人偏好的資工書籍是那種數學導向的演算法書籍，這種書不但對我有用，對很多電腦科學教授也有幫助。但或許這就是問題所在：我們太容易先入為主地認為其他人也能套用自己的學習方式。每種學習資源都有適合的受眾，CS 相關主題的學習資源適合我們這種專業人士，而 Bhargava 的書是專為那些不想從數學角度接觸演算法的人設計。

讓我印象深刻的，並非 Bhargava 有觸及的主題，而是他選擇不碰的主題。畢竟是為不想從數學角度接觸演算法的人設計的書，當然不能把所有東西都塞進去，那不但會讓人一頭霧水，也會因此迷失初衷。

Bhargava 的教學經驗豐富，能用有限篇幅教授大量內容。舉個例子：他在《動態規劃》一章謹慎地回答許多演算法書籍會忽視、但讀者應該會想到的問題，這讓我相當讚賞。

無論是首次接觸演算法，還是尚在努力尋找閱讀書目的人，希望本書都能幫助你學習。探索愉快！

Daniel Zingaro，多倫多大學

序
Preface

　　當初開始寫程式我只是當成興趣。我從《Visual Basic 6 for Dummies》(Visual Basic 6 入門) 這本書先學會一些基本概念,再參考其它書籍學習更多寫程式的技巧,但是我一直無法跨越演算法這堵高牆。還記得我買了第一本演算法的書後,一邊看目錄一邊告訴自己,「我終於要來破解這門學問了!」。但是內容實在太過艱深,幾個禮拜後我就放棄了。直到後來我遇到一位優秀的演算法教授後,我才發現原來演算法一點都不無聊,還相當有趣!

　　2012 年我在部落格寫了一篇插圖文章。我是視覺型學習者 (Visual Learner),而且很喜歡插畫風格的插圖。繼第一篇文章後,我陸續以函數式程式設計、Git、機器學習以及平行處理為主題撰寫了多篇插圖文章。先聲明一下,初出茅廬的我,寫作能力並不優秀。要解釋技術概念本身就相當不容易了,還要絞盡腦汁才能想到好的範例,更別提要解釋複雜的概念有多費時了,所以最省事的做法就是跳過這些複雜的概念。正當我覺得自己寫得還不錯時,一位同事看了我一篇頗受歡迎的文章後對我說,「我看了你的文章,但是我無法理解內容。」,可見我的寫作能力還有很大的進步空間。

　　在撰寫這些文章時,Manning 出版社找上我,並問我是否想寫一本插畫技術書。Manning 出版社的編輯對講解技術概念很有一套,並教會我如何表達。寫這本書時心中有個願望,希望能將複雜的技術變得淺顯易懂,希望讀者也會覺得這是一本容易閱讀的演算法書籍。

本書在 2016 年推出第一版後，至今已有超過 10 萬名讀者。原來有這麼多人喜歡視覺式學習，我對此相當欣慰。

　　我對第二版的目標不變，一樣使用插圖和令人印象深刻的例子來加深概念。這本書專為已經有程式設計基礎，但是沒有太多數學知識，希望進一步了解演算法的讀者而設計。

　　第二版填補了第一版的一些空白。很多讀者來信說想看我講解**樹狀圖**，本書為此多加了兩章說明，順便補充了 **NP 完備**相關內容：這是非常抽象的概念，我盡可能解釋地具體一點，若你之前也覺得它太抽象難懂，希望我的說明能為你填補這個空白。

　　我的寫作功力已經比當年發表第一篇部落格文章時進步很多，希望本書讓你覺得既平易近人、又有豐富內容。

致謝
Acknowledgments

非常感謝 Manning 出版社給我寫這本書的機會，並賦予我極大的創作自由。感謝發行人 Marjan Bace 和協助我上手的 Mike Stephens、積極回應和樂於協助的編輯 Ian Hough，感謝 Manning 製作團隊的 Paul Wells、Debbie Holmgren 等所有其他幕後人員。此外，還要感謝閱讀草稿並提出建議的 Daniel Zingaro、Ben Vinegar、Alexander Manning 和 Maggie Wenger 等人，感謝找出草稿中諸多錯誤的技術審稿人 David Eisenstat 與 Manning 技術校對 Tony Holdroyd。

感謝一路上幫助我的人：Bert Bates 教我寫作技巧、Flashkit 遊戲討論區的人教我寫程式、Ben Vinegar、Karl Puzon、Alex Manning、Esther Chan、Anish Bhatt、Michael Glass、Nikrad Mahdi、Charles Lee、Jared Friedman、Hema Manickavasagam、Hari Raja、Murali Gudipati、Srinivas Varadan 等人審閱各章節、提供更佳詮釋方式等建議。Gerry Brady 則教我演算法。並誠摯感謝 CLRS、Knuth、Strang 等演算法專家，我的確是站在這些巨人的肩膀上。

感謝我的父母與 Priyanka 等家人一直以來的支持，特別感謝我的妻子 Maggie 與兒子 Yogi，除了每週五晚上待在家裡修改草稿以外，我們未來還會經歷很多艱難險阻。

致所有試閱者：Abhishek Koserwal、Alex Lucas、Andres Sacco、Arun Saha、Becky Huett、Cesar Augusto Orozco Manotas、Christian Sutton、Diógines Goldoni、Dirk Gómez、Ed Bacher、Eder Andres Avila Niño、Frans Oilinki、Ganesh Swaminathan、

Giampiero Granatella、Glen Yu、Greg Kreiter、Javid Asgarov、João Ferreira、Jobinesh Purushothaman、Joe Cuevas、Josh McAdams、Krishna Anipindi、Krzysztof Kamyczek、Kyrylo Kalinichenko、Lakshminarayanan AS、Laud Bentil、Matteo Battista、Mikael Byström、Nick Rakochy、Ninoslav Cerkez、Oliver Korten、Ooi Kuan San、Pablo Varela、Patrick Regan、Patrick Wanjau、Philipp Konrad、Piotr Pindel、Rajesh Mohanan、Ranjit Sahai、Rohini Uppuluri、Roman Levchenko、Sambaran Hazra、Seth MacPherson、Shankar Swamy、Srihari Sridharan、Tobias Kopf、Vivek Veerappan、William Jamir Silva、Xiangbo Mao，本書因你們的建議變得更好。

最後，非常感謝本書所有讀者，以及在本書論壇中提供回饋的讀者，你們確實讓這本書變得更好。

關於本書
About this book

　　本書以容易理解為宗旨，並盡量避免跳躍式的思考邏輯。在介紹新概念時，我會立刻解釋或是提醒讀者哪一頁有相關說明。本書的核心概念都會透過習題及多種解釋方法加深印象，讓讀者能檢視自己的理解是否有誤，並確認是否已掌握該概念。

　　我不使用太多符號或數學來說明，而是用範例來引導讀者輕鬆將概念視覺化，並避免無謂又複雜的敘述。我相信回想起生活中熟悉的事物可以加強學習效果，而透過範例能夠幫助我們回想。例如，你要回想陣列與鏈結串列的差異時 (參考第 2 章)，只要聯想到在電影院找位置的情境，就會想起其差異了！還有，我是視覺型學習者，所以在這本書中繪製滿滿的插圖，以幫助你理解複雜的概念。

　　本書的內容經過精心挑選，我覺得沒有必要寫一本介紹所有演算法的書，因為維基百科和可汗學院 (Khan Academy) 已經有很多參考資料了。本書介紹的演算法都非常實用，而且是身為軟體工程師的我在工作上會用到的演算法，看完本書可以幫你打好演算法的基礎，有助於日後學習更進階的演算法。祝你閱讀愉快！

導讀
Guide

　　演算法 (Algorithm) 是為了完成任務而下達的一組指令。每個程式碼都可稱為一種演算法，但是本書將介紹更多有趣的東西。書中的演算法都是我精挑細選出來的，有些是執行速度快，有些是能解決有趣的問題，或是兩者皆有。以下是本書的幾個特色：

▌了解各個演算法的優缺點

　　本書中的演算法實作，已經用 Python 語言編寫完成，所以你不需要親自撰寫每個演算法。但是若不懂得每個演算法的優缺點，那麼這些實作就沒意義了。

　　本書將教你比較不同演算法之間的差異：該用**合併排序法**還是**快速排序法**呢？該用**陣列**還是**串列**呢？光是選擇不一樣的資料結構就會產生很大的差異。

▌學習解決問題的方法

　　你將學會解決一些原本可能無法解決的問題。例如：

● 喜歡設計電玩，你可以用圖形演算法設計一套跟隨玩家的 AI 系統。

● 學習用 **K 最近鄰** (K-Nearest Neighbor) 演算法打造一套推薦系統。

● 有些問題無法立即解決。本書將在 **NP 完備問題** (NP-Complete Problem) 的章節 (參考第 10 章)，為你示範如何辨識這些問題，並提出一個能給予近似答案的演算法。

　　看完本書，你將了解一些廣泛應用的演算法，並運用這些知識繼續鑽研為 AI 或資料庫所設計的特定演算法，甚至可以在工作上處理具有挑戰性的任務。

必備技能

在開始閱讀本書前，必須具備基本的代數概念。舉例來說，若 $f(x)$ $= x \times 2$。請問 $f(5)$ 等於多少？如果你回答 10，那麼表示你已經準備好了。

再來，熟悉任何一個程式語言對理解本書會很有幫助。本書的所有範例都是用 Python 撰寫。如果你還不會寫程式並且想要學習寫程式，建議可以從 Python 開始，它非常適合新手。若你熟悉其他的程式語言，例如 Ruby，也沒問題。

▍本書的章節架構

　　本書前三章在奠定基礎：

● **第 1 章**：你將學會第一個實用的演算法：**二元搜尋法**，並學習如何使用 Big O notation（大 O 符號）分析演算法的執行速度。

● **第 2 章**：介紹兩個最基本的資料結構，**陣列**和**鏈結串列**。這些資料結構會時常出現在本書中，而它們也是進階資料結構的基礎，例如雜湊表（參考第 5 章）。

- **第 3 章**：介紹**遞迴** (recursion)。我的經驗告訴我，Big O notation 和遞迴對初學者而言都是較難掌握的概念。所以我會特別著墨並多花些時間在這些章節上。

　其他章節會介紹演算法的各種應用：

- **解決問題的技巧**：會在第 4、10 和 11 章介紹。如果遇到不知道該如何有效解決問題時，可以嘗試各個擊破法 (第 4 章) 或是動態規劃演算法 (第 11 章)。如果找不到有效的解決辦法，可試試用貪婪演算法 (第 10 章) 取得近似答案。

- **雜湊表**：會在第 5 章介紹。雜湊表是非常實用的資料結構。雜湊表是由一或多組的「鍵」和對應的「值」所組成的，例如一個人的名字與其對應的電子郵件或是一組帳號和密碼。雜湊表非常實用，每當我遇到問題時，就是先問自己「可以用雜湊表嗎？」或是「可以轉換成圖形嗎？」。

- **圖形演算法**：會在第 6 章到第 9 章介紹。圖形可用來模擬關係，例如社群關係、道路網路、腦神經網路等。廣度優先搜尋 (第 6 章) 和 Dijkstra 演算法 (第 9 章) 可用來找出兩點之間的最短距離。

- **K- 最近鄰演算法 (KNN)**：會在第 12 章介紹。這是一個簡易的機器學習演算法。你可以用 KNN 來做預測 (例如，我們猜測 Adit 會給這部電影 4 顆星評價) 或是進行分類 (這個字母應該是 Q)。你可以用 KNN 來打造推薦系統或是股票預測系統。

- **推薦十種進階演算法**：第 13 章會介紹一些值得繼續鑽研的演算法。

如何閱讀本書

How to use this book

　　本書的章節順序和內容都是經過精心設計的。若你對某個主題特別有興趣，可以直接跳過前面的章節，否則我們建議照著順序閱讀，因為內容是環環相扣的。

　　我強烈建議讀者務必執行書中的程式碼。這樣會加深你的印象。

▌下載本書的範例程式碼

https://www.flag.com.tw/bk/st/F4709

或是透過作者的 GitHub 網站下載：

https://github.com/egonschiele/grokking_algorithms

※　**編註：**本書除了提供各章的 Python 程式碼外，也提供 C、C++、Javascript、Haskell、PHP、…等不同程式語言的程式碼，你可以下載自己熟悉的程式語言來執行。

　　強烈建議讀者最好完成書中的練習題，這些練習都很短，大約只要 1 ～ 2 分鐘的時間就能完成，有些可能需要 5 ～ 10 分鐘，多做練習可以幫助你檢視自己是不是真正理解書中的內容，如果對了答案發現有錯，可以及時修正自己的觀念。

▌誰適合看這本書

本書是寫給對程式撰寫有基本概念的人或是任何想瞭解演算法的人看的。你可能正在想辦法解決某個程式問題，並嘗試找出適合的演算法，又或者你可能想要知道演算法能拿來做什麼。例如：

● 業餘程式愛好者。

● 正在學習程式的學生。

● 想重溫演算法的程式設計師、工程師。

● 非資工系 (如：物理學、數學或其他科系)，但對寫程式有興趣的人。

▌關於作者

Aditya Y Bhargava 是軟體工程師。他取得芝加哥大學 Computer Science (CS) 碩士學位。也是人氣插畫技術文章部落格 adit.io 的版主。

※　**編註：**本書作者會不定期補充相關內容並更正書中的錯誤，本書的中文版在出版前已更正相關的錯誤，若想獲取最新的資訊，可以連到作者的網站：

https://adit.io/errata.html

▌關於技術編輯

David Eisenstat 擁有布朗大學計算機科學博士學位，現為軟體工程師。

目錄
Contents

3 chapter 遞迴 (Recursion)

4 chapter Divide-and-Conquer 與快速排序法 (Quicksort)

5 chapter 雜湊表 (Hash table)

6 chapter 廣度優先搜尋 (Breadth-First Search)

7 chapter 樹狀圖 (tree)

8 chapter 平衡樹 (Balanced Tree)

9 chapter 戴克斯特拉 (Dijkstra) 演算法

10 chapter 貪婪演算法 (Greedy Algorithm)

11 動態規劃演算法 (Dynamic Programming Algorithm)

_{chapter}

12 K-最近鄰演算法 (K-Nearest Neighbors Algorithm)

_{chapter}

13 chapter 進階之路：推薦十種演算法

A appendix AVL 樹的效能

B appendix NP-hard 問題

C appendix 習題與解答

Bonus 客製化刷題機器人 – 驗證你的演算法學習成效

二元搜尋法 (Binary Search) 與演算法執行時間

1 chapter

本章重點：

- 教你撰寫第一個搜尋演算法：
  二元搜尋法 (Binary Search)。

- 如何用 Big O notation (大 O 符號)
  分析演算法的執行時間？

1-1 二元搜尋法 (Binary Search)

假設要從電話簿裡 (現在還有人在用電話簿嗎？) 搜尋某個人，這個人的名字是 K 開頭。你可以從第一頁開始不斷地翻頁，直到 K 開頭的頁面。但是你應該會直覺地從電話簿的中間位置開始翻吧！因為你知道 K 這個字母應該會排在電話簿比較中間的位置。

或者，想在字典裡找一個 O 開頭的單字，你應該也會直接從中間的位置開始查找吧！

當你在登入 Facebook 時，Facebook 必須驗證你是否已經註冊過帳號。因此，它會在資料庫中搜尋使用者名稱。假設你的使用者名稱是 Karlmageddon，Facebook 可以從 A 開始搜尋，但更合乎常理的做法是從中間的某個位置開始搜尋。

以上所舉的例子就是搜尋問題，這些都可以用**二元搜尋** (Binary Search) 演算法來處理。

二元搜尋是一種演算法，**被搜尋的清單內容必須先經過排序**。如果你要找的元素在清單內，二元搜尋就會回傳該元素的位置編號；如果要找的元素不在清單內則會回傳 null。例如：

（編註：若找不到就回傳 NULL；
Python 可用 None 代表 NULL）

▲ 用二元搜尋法搜尋電話簿內的公司名稱

▌範例：猜數字

以下的範例將說明二元搜尋法如何運作。

假如，在我腦海裡有個介於 1 到 100 的整數，請試著用最少的次數猜出我腦海中的數字。每猜一次，我就會回覆你猜的數字是否太高、太低或正確。如果按照 1、2、3、4……的順序逐一猜下去，那麼過程如下：

▲ 很笨的猜數字方法

這就是**簡易搜尋法**（還是應該稱為「傻瓜搜尋法」比較貼切呢？）。每次猜完，只排除掉一個數字。如果我腦海中的數字是 99，那麼你得猜 99 次才會猜到！

更快的搜尋方式

接著，介紹一個更快的搜尋方式，請從 50 開始猜。

雖然 50 太低了，但是這麼一來你也排除掉一半的數字了！既然知道 1 到 50 都太低了。那麼接著從 75 開始猜。

猜 75 太高了！但是你又再次排除掉 75 ～ 100 這一半的數字了！用**二元搜尋法，你可以從中間的數字開始猜，每次都會排除掉一半的數字。**接下來猜 63（介於 51 到 74 的中間數）。

以上就是二元搜尋法。恭喜你，學會了第一個演算法！

我們再以下圖做個總結：如果 1 到 100 的數字中，我腦海裡想的數字是 1，用二元搜尋法每次會排除掉多少數字？

| 100 個數字 | → | 50 | → | 25 | → | 13 | → | 7 | → | 4 | → | 2 | → | 1 |

總共猜 7 次

▲ 用二元搜尋法，每次都會排除掉一半的數字

不論我腦海裡想的數字是多少，你最多只要猜 7 次就一定能猜中，因為每猜一次就能排除一半的數字。

▍範例：查單字

如果想從字典中查一個單字，而字典裡總共有 24 萬個字。**在最差的情況下**，簡易搜尋法及二元搜尋法分別需要多少步驟，才能找到你要的單字呢？

簡易搜尋法：＿＿＿＿ 步驟

二元搜尋法：＿＿＿＿ 步驟

如果你要找的單字剛好是最後一個字（最差的情況），那麼簡易搜尋法需要 24 萬個步驟。而使用二元搜尋法，由於每個步驟都會排除掉一半的單字，最後只剩下一個單字，你最多只要 18 個步驟就能找到所要的單字了！

$$240K \rightarrow 120K \rightarrow 60K \rightarrow 30K \rightarrow 15K \rightarrow 7.5K \rightarrow 3750$$

$$59 \leftarrow 118 \leftarrow 235 \leftarrow 469 \leftarrow 938 \leftarrow 1875$$

$$30 \rightarrow 15 \rightarrow 8 \rightarrow 4 \rightarrow 2 \rightarrow 1$$

最多 18 個步驟

　　用二元搜尋法只需要 18 個步驟，跟簡易搜尋法比起來差很多吧！總結來說，用二元搜尋法來搜尋含有 n 個元素的清單時，最差的情況下會需要 $\log_2 n$ 個步驟，而簡易搜尋法則需要 n 個步驟。

對數

你可能忘記對數是什麼了，但你可能還記得指數是什麼。$\log_{10} 100$ 就是指「多少個 10 相乘會得到 100 ？」，答案是 2，因為 $10 \times 10 = 10^2$，所以 $\log_{10} 100 = 2$。請記住，對數和指數是相反的運作，在數學上稱為反函數。

$$10^2 = 100 \quad \leftrightarrow \quad \log_{10} 100 = 2$$

$$10^3 = 1000 \quad \leftrightarrow \quad \log_{10} 1000 = 3$$

$$2^3 = 8 \quad \leftrightarrow \quad \log_2 8 = 3$$

$$2^4 = 16 \quad \leftrightarrow \quad \log_2 16 = 4$$

$$2^5 = 32 \quad \leftrightarrow \quad \log_2 32 = 5$$

▲ 對數和指數是反函數

▼接下頁

當本書用 Big O notation（大 O 符號）討論演算法的執行時間時（別急！馬上就會解釋），log 都是以 2 為底 ($\log_2$)。

當你用簡易搜尋法搜尋某個元素時，最差的情況就是要逐一搜尋每個元素。如果有 8 個數字，在最差的情況下就要搜尋 8 次。

如果用二元搜尋法，最差的情況下就是猜 log n 次。若要搜尋含有 8 個數字的清單時，則 log 8 = 3，因為 $2^3 = 8$。所以搜尋含有 8 個數字的清單，最多只要比對 4 次 [※]。若要搜尋的清單中含有 1,024 個元素，則 log 1,024 = 10，因為 $2^{10} = 1,024$。所以搜尋含有 1,024 個元素的清單，只要比對 11 次。

[※] **編註**：為什麼 log 8 = 3，不是比對 3 次，而是比對 4 次呢？因為 log n 指的是「搜尋次數」，但是最後一次搜尋還需要比對是不是我們要找的值，如果不是要找的值，要回傳 NULL（在 Python 中可用 None），所以還要加上一次「確認」的次數。

Note 本書會經常提到 log，所以請務必確認自己已經充分瞭解 log 的概念。若還不瞭解 log，可在 Youtube 以「對數」或「log」為關鍵字，搜尋相關的教學影片。

Note **二元搜尋法只能用在經過排序的清單**。例如電話簿裡的姓名順序或字典中的單字，都是依照字母排序好的，所以才可以用二元搜尋法搜尋，若資料未事先排序，則二元搜尋法就無法使用了！

▍用 Python 實作「二元搜尋法」

接著，我們要用 Python 來實作二元搜尋法。在此會用到**陣列** (Array) 的概念，若你還不瞭解陣列，別擔心！下一章會做說明。你只要知道陣列就像一排連續的水桶，這些水桶可以存放元素，每個水桶都用號碼標示，由 #0 開始編號。第一個水桶是 #0、第二個水桶是 #1，第三個水桶是 #2、……，依此類推。

※ **編註：**不同程式語言用來記錄連續排列資料的方法不同，像 C 或 C++ 等程式語言，會使用**陣列** (Array) 來記錄連續排列的資料；而 Python 則是用**串列** (list) 來儲存連續排列的資料。

請開啟本章的程式範例執行看看，我們稍後會做說明：

▶ File：Python\Ch01\01_binary_search.py

(範例檔案下載網址：https://www.flag.com.tw/bk/st/F4709)

```python
def binary_search(arr, item):
    low = 0                         ← low 和 high 持續追蹤要搜尋的 list 元素
    high = len(arr)-1

    While low <= high:              ← 還沒有縮小範圍到只剩一個元素時，
        mid = (low + high) //2      ← 就檢查中間的元素
        guess = arr[mid]
        if guess == item:           ← 找到想找的元素
            return mid              ← return 元素的索引值
        elif guess > item:          ← 猜太高了
            high = mid - 1
        else:                       ← 猜太低了
            low = mid + 1
    return None                     ← 想找的元素不存在

# 以下為主程式
my_list = [1 , 3 , 5 , 7 , 9]      ← 我們用這個 list 測試一下！

print(binary_search(my_list, 3))  # => 1
                    別忘了！list 是從 0 開始，第二個位置的索引是 1

print(binary_search(my_list, -1)) # => None
                    Python 的 None 代表空值，表示沒找到想找的元素!!!
```

執行結果

```
1
None
```

※ **編註**：本書的 Python 程式，皆可在 Jupyter 中執行，建議初學者使用 Jupyter 來操作會更加順手。有關 Jupyter 的安裝及使用，可連到本書的 Bonus 頁面 (https://www.flag.com.tw/bk/st/F4709) 下載 PDF 檔案。

程式說明

　　binary_search() 這個函式的第 1 個參數必須是經過排序的 list，而第 2 個參數則是欲搜尋的資料（稱為目標元素）。如果目標元素在 list 中，會傳回目標元素的位置（即索引值）；若目標元素不在 list 中，則傳回 None。list 的最初狀態如下：

```
low = 0
high = len(arr) - 1
```

　　每次搜尋都會找中間的元素：

```
mid = (low + high) // 2   ← 如果 (low + high) 不是偶數，那麼
                            Python 會捨去小數，只取整數
guess = arr[mid]
if guess == item:   ← 猜對了
    return mid      ← 就傳回該元素的索引值 mid
```

如果猜測的數字太低，則更新 low 值：

```
if guess < item:
    low = mid + 1
```

如果猜測的數字太高，則更新 high 的值。

練習

1.1　假設有一份經過排序的清單，清單內有 128 個名字，若用二元搜尋法來尋找名字，請問最差情況下需要多少個步驟？

1.2　如果清單的長度增加一倍，最多會需要幾個步驟？

小編補充 Coding Interview 要點

此處是利用猜數字遊戲來說明二元搜尋法，此概念在許多 IT 求職的 Coding Interview 也滿常被問到，甚至會要求寫出相關程式，有了前面的說明，你可以到刷題網站上尋找「Guess Number」等相關的題目來練習，應該不難過關，若是解不出來可以參考本書最後的 **Bonus**，透過 GPT 刷題機器人來解答。

小編補充：利用 AI 輔助寫程式：猜數字遊戲

此範例作者雖然用猜數字遊戲來說明**二元搜尋法**，但程式執行後會直接顯示目標數字的索引值或顯示「找不到 (None)，不會有猜數字的過程。你可以自己練習寫一支具互動性的猜數字遊戲，如果真的寫不出來，可以請 ChatGPT 或其他 AI 工具幫忙，以下是詢問 ChatGPT 的提示詞，以及回覆的範例程式碼：

Prompt

請幫我用 Python 寫一支猜數字程式，隨機選定 1~99 的數字讓使用者來猜，並提示猜測的數字比答案大或小，直到猜到答案為止。

```python
import random  ← 使用亂數函式庫來隨機指定答案

target = random.randint(1, 99)  ← 隨機選擇一個 1 到 99
                                   之間的目標數字

low, high = 1, 99

while True:
    guess = int(input(f"請猜一個數字（{low}到{high}之間）:"))←
    if guess < target:            讓使用者自行輸入 1~99
        print("太低了，繼續猜！")    之間的數字，所以不用
        low = guess + 1           導入二元搜尋法
    elif guess > target:
        print("太高了，繼續猜！")
        high = guess - 1
    else:
        print(f"恭喜你！你猜對了，目標數字是 {target}。")
        break
```

Note 雖然用相同的提示詞詢問 ChatGPT，但得到的程式碼，可能會與上述不同，不過執行後的結果應該差異不大。

目前用 AI 輔助寫程式已經成為主流，不過 ChatGPT 所生成的程式不一定完全符合需求，因此需要先紮穩程式基礎，並具備演算法思維後，才能一步步引導 ChatGPT 寫出需要的程式。

▌演算法的執行時間

每當提到演算法時,我都會討論執行時間。一般來說,不論是要對時間或空間做最好的運用,都必須選擇效率最好的演算法。

用二元搜尋法能幫我們省下多少時間呢?

如果用簡易搜尋法,得逐一查找每個數字。當清單中有 100 個數字,則最多要猜 100 次。如果清單中有 40 億個數字,那麼最多要猜 40 億次。因此,最大猜測次數與清單的長度一樣,這就稱為**線性時間** (Linear Time)。

但是二元搜尋法不一樣。如果清單的長度為 100,最多只要猜 7 次。如果清單長度為 40 億,最多只要猜 32 次。厲害吧!二元搜尋法的執行時間為**對數時間** (logarithmic time,簡稱 log time)。

▲ 不同搜尋演算法的執行時間

1-2 Big O notation（大 O 符號）

　　Big O notation（大 O 符號）是一種評估演算法效益的方法，它通常是用來表示演算法的執行速度。你問誰在乎嗎？這麼說好了，我們經常會使用別人設計的演算法，演算法的好壞差很大，在使用時最好能瞭解演算法執行速度的快慢。本節除了介紹 Big O notation，還會列出常見的執行時間。

▌請注意！演算法的執行時間不會隨著元素的增加而呈等比增加

　　鮑伯正在為 NASA（美國航太總署）設計搜尋演算法。他的搜尋演算法將在火箭快要降落到月球時啟動，以便計算火箭降落的位置。

　　鮑伯需要一個既快速又精準的演算法，他只有 **10 秒**的時間可以計算降落地點，否則火箭就會偏離軌道。所以他必須決定要用簡易搜尋法還是二元搜尋法，雖然二元搜尋法比較快，但是簡易搜尋法比較容易撰寫，而且出錯的機率較少。鮑伯不希望計算火箭降落地的程式碼出錯，為了慎重起見，他決定用搜尋 100 個元素來比較兩種演算法的執行時間。

　　假設檢查一個元素要花費 1 毫秒。採用簡易搜尋法的話，總共要查找 100 個元素，所以搜尋時間為 100 毫秒。如果採用二元搜尋法則只需要查找 7 個元素，等於耗時 7 毫秒（$\log_2 100$ 大約是 7 左右）。但實際情況要查找的元素可能多達 10 億個元素。如果有這麼多元素，簡易搜尋法會花費多少時間呢？二元搜尋法又需要多少時間呢？請先試著回答這兩個問題再繼續看下去。

▲ 簡易搜尋法和二元搜尋法搜尋 100 個元素的執行時間

鮑伯用二元搜尋法搜尋了 10 億個元素,大約耗時 30 毫秒 ($\log_2 1{,}000{,}000{,}000$ 大約 30 左右)。

他心想:「用簡易搜尋法搜尋 100 個元素耗時 100 毫秒,用二元搜尋法搜尋 100 個元素耗時 7 毫秒。所以二元搜尋法比簡易搜尋法快了大約 15 倍※,所以用簡易搜尋法來搜尋 10 億個元素的時間應該是 30 毫秒 ×15 (倍) = 450 毫秒 (約 0.45 秒),沒錯吧?還在 10 秒的門檻範圍內。」,於是鮑伯決定採用簡易搜尋法。但這樣真的沒問題嗎?

※ **編註:**搜尋 100 個元素時,兩者耗用的時間差約為 100ms/7ms ≈ 15 倍。

問題可大了,事實證明鮑伯的決定錯了,而且是致命的錯誤!用簡易搜尋法搜尋 10 億個元素會耗時 10 億毫秒,換算後是 11 天 (1,000,000,000/1,000/60/60/24,換算成「幾秒 / 幾分 / 幾小時 / 幾天」) 的時間!問題就出在二元搜尋法和簡易搜尋法的執行時間**並不隨著元素數量增加而呈等比增加**。

	簡易搜尋法	二元搜尋法
100 個元素	100 毫秒	7 毫秒
10,000 個元素	10 秒	14 毫秒
1,000,000,000 個元素	11 天	30 毫秒

▲ 執行時間的增長速率不一樣！

也就是說，隨著要搜尋的元素增加，二元搜尋法的執行時間增加有限，但是簡易搜尋法卻會**大幅**增加很多時間來執行。所以隨著欲搜尋資料筆數的增加，二元搜尋法的執行時間就會比簡易搜尋法要快上許多。鮑伯以為二元搜尋法比簡易搜尋法快了 15 倍，但這是不對的（編註：只有在搜尋 100 筆資料的情況下才快 15 倍）。若要搜尋 10 億個元素，那麼它們執行的時間會相差約 3,300 萬倍 (1,000,000,000/30)。這就是為什麼只知道演算法在執行 100 筆或 1000 筆資料的時間是不夠的，我們還需要瞭解隨著資料的增加，演算法的執行時間如何增加。這時就要靠 Big O notation 了。

例如，清單有 n 筆資料，簡易搜尋法需要查找每個元素，因此必須操作 n 次。用 Big O notation 來表示其執行時間就是 O(n)。原本的秒數呢？已經被捨去了，因為 Big O notation 不是用秒計算執行速度，而是用**運算次數**來計算執行速度的。它代表的是演算法運算次數的增長速率。

再舉一個例子，二元搜尋法需要 log n 個步驟來檢查 n 筆資料，用 Big O notation 表示就是 O(log n)。通常，Big O notation 的寫法如右：

▲ Big O notation 的表示法

Big O notation 代表的是演算法的運算次數。之所以稱為 Big O 就是因為步驟的數字前面寫了一個大寫的 O（聽起來像是在開玩笑，但實際上就是這樣！）

我們再示範一些例子，看看你是否能算出這些演算法的執行時間。

將不同的 Big O 執行時間視覺化

這是一個只需要幾張紙和一隻筆就能在家裡輕鬆完成的例子。假設要畫一個 16 格的表格。

▲ 有什麼演算法適合用來畫格子嗎？

演算法 1

你可以一次畫一個格子，慢慢畫完 16 個格子。別忘了，Big O notation 計算的是操作次數。以此例而言，畫一個格子就是一個步驟。你需要畫滿 16 個格子。如果一次只畫一個格子，請問要畫幾次才能完成？

▲ 逐一畫出每個格子

要畫 16 個格子就需要 16 個步驟。請問「演算法 1」的執行時間是多少?

演算法 2

試試看這個演算法。請將紙張對摺。

以此範例來說,將紙張對摺就代表操作一次。剛才只對摺一次,就產生兩個格子了!

請再次將紙張對摺、對摺、再對摺。

將紙張對摺 4 次後,就變成一張完美的表格了!每對摺一次就會將格子數翻倍。操作 4 次後,就摺出 16 個格子。

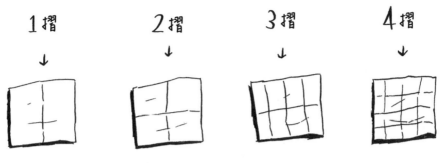

▲ 摺 4 次後就完成一張方格紙

每摺一次就能產生雙倍的格子，所以只需要 4 個步驟就能產生 16 個格子。那麼「演算法 2」的執行時間是多少呢？請先試著寫出這兩個演算法的執行時間後，再繼續看下去。

解答：「演算法 1」的執行時間為 O(n)；「演算法 2」則是 O(log n)。

▋Big O notation 代表的是最差情況的執行時間

若要用簡易搜尋法找出電話簿內的某個人，簡易搜尋法的執行時間為 O(n)，也就是說，在最差的情況下，必須逐一檢查電話簿內的所有名字。假設現在要找的人是 Adit，這個名字剛好排在電話簿裡的第一位，所以不需要檢查每個名字，查找第一個名字就找到了。那麼，這個演算法真的耗時 O(n) 嗎？還是因為一次就找到了所以只耗費了 O(1)？

簡易搜尋法還是耗時 O(n)。在上述的例子中，雖然一次就找到想要的名字，但這是在最佳的情況下。Big O notation 描述的是最差情況，換句話說，在最差的情況下必須檢查電話簿內的所有名字，就得耗時 O(n) 時間。

Note 除了最差情況的執行時間外，平均情況的執行時間也很重要。最差情況與平均情況的比較會在第 4 章做介紹。

常見的 Big O 執行時間

以下是五種常見的 Big O 執行時間，由最快到最慢做排列：

● O (log n)：也稱為**對數時間**。例如：二元搜尋法。

● O (n)：也稱為**線性時間**。例如：簡易搜尋法。

● O (n*log n)：例如：快速排序法 (參見第 4 章)。

● O (n²)：例如：慢速排序法和選擇排序法 (參見第 2 章)。

● O (n!)：非常慢的演算法。例如：旅行推銷員 (馬上就會介紹)。

假設又要畫一個 16 格的表格，你有上述五種演算法可選擇。若選用第一個演算法，完成表格會耗時 O(log n)。假設執行一個步驟需要 0.1 秒，以 O(log n) 來說，畫一個 16 格的表格需要 4 個步驟 (log 16 = 4)，所以畫完表格會需要 0.4 秒。如果要畫 1,024 個格子呢？需要執行 log 1024 = 10 個步驟，等同於用 1 秒 (10×0.1 秒 = 1 秒) 畫完一個 1,024 格的表格。這是用第一個演算法的執行速度。

第二個演算法較慢：耗時 O(n)。要畫 16 個格子需要 16 個步驟，若要畫 1,024 個格子則需要 1,024 個步驟。換算成秒是多久呢？

下表是由快到慢排列，列出這五種演算法畫表格所需的時間：

格子數量	O(Log n)	O(n)	O(nLogn)	O(n²)	O(n!)
16	0.4 秒	1.6 秒	6.4 秒	25.6秒	66301年
256	0.8 秒	25.6 秒	3.4分	1.8小時	2.7×10⁴⁹⁸年
1024	1.0 秒	1.7 分	17分	1.2天	1.72×10²⁶³¹年

雖然還有其他演算法的執行時間，但以這五種最常見。

以上的範例只是做約略的換算。實際上我們無法精準地將 Big O 執行時間轉換成操作次數，但就現階段而言，這樣的描述足以讓你理解。等多學會幾個演算法後，會在第 4 章重新檢視 Big O notation。現在你只要先具備以下幾個觀念：

● 演算法的執行時間不是以秒來計算的，而是用運算次數來計算。

● 演算法的執行時間，不一定會隨著元素數量的增加而呈等比增加。

● Big O notation 是一種評估演算法效益的方法，它通常用來表示演算法的執行速度。

● O(log n) 的執行速度比 O(n) 還要快（編註：因為 O(log n) 的運算次數比 O(n) 少），當搜尋的元素愈多，兩者的差距愈大。

練習 請用 Big O notation 寫出以下情境的執行時間。

1.3　在電話簿中以名字來找出某個人的電話號碼。

1.4　在電話簿中以電話號碼來找出某個人的名字。
（提示：必需將整個電話簿搜過一遍！）

1.5　讀取電話簿內所有人的電話號碼。

1.6　讀取所有名字為 A 開頭的人的電話號碼。（這題是陷阱題！會用到第 4 章才介紹的概念。看了解答後可能會讓你大吃一驚！）

▌旅行推銷員問題

　　讀完上個段落後，你可能會在心裡默默想
著，「怎麼可能會遇到需要用執行時間為 O(n!)
的演算法啊！」，讓我來證明這個想法是錯的！
以下是一個執行時間非常久的演算法。這是一個
著名的電腦科學問題，因為它的運算時間增長速
度非常驚人，即使是聰明絕頂的人都認為無法再
改善了。這個問題被稱為**旅行推銷員** (Traveling
Salesperson) 問題。

　　有位推銷員。他必須拜訪
五座城市。

　　這名推銷員希望用最短的距離拜訪這五座城市。所以他先研究各城市
間所有可能的拜訪順序。他希望將所有距離加總後，選擇最短距離的
路線。

5 個城市總共有 120 種排列 (5×4×3×2×1=120)，這表示推銷員要解決這個問題需要進行 120 次的操作。若有 6 個城市，就需要進行 720 次操作 (因為總共有 6×120=720 個排列方式)。若有 7 個城市，就需要 5,040 (7×720=5,040) 次操作！

城市	次數
6	720
7	5040
8	40320
...	
15	1,307,674,368,000
...	...
30	265,252,859,812,191,058,636,308,480,000,000

▲ 次數急速增長

一般來說，若有 n 個項目，就需要n! (n 階乘) 次的操作才能算出結果。所以這是 O(n!) 時間，或稱為**階乘時間** (factorial time)。除了項目很少的情況外，該演算法都需要執行非常大量的操作。若要處理 100 個以上的城市，根本無法在短時間內算出答案，天都塌下來了可能都還沒算出結果！

這真是可怕的演算法啊！推銷員應該用別的演算法比較好吧？但他別無選擇，因為這是電腦科學界到目前為止都無法解決的問題。現在沒有可以快速解決這個問題的演算法，即使聰明的人也覺得不可能有更好的演算法能解決這個問題，我們只能找出最近似的解決辦法。

1-3 本章摘要

✓ 當陣列變大時,二元搜尋法比簡易搜尋法要快上許多。

✓ O(log n) 比 O(n) 快,而且隨著要搜尋的項目清單變長,速度相對地快更多 (運算次數少很多)。

✓ 演算法花費的時間不是用秒來計算的,是以運算次數來計算的。

✓ Big O notation 是用來描述演算法運算時間的特殊符號。

選擇排序法
(Selection Sort)

2
chapter

本章重點：

- 本章要介紹兩個最基本的資料結構：**陣列** (array) 與**鏈結串列** (linked list)，這兩種資料結構應用非常廣泛，我們將說明其優缺點，以及如何選擇適合的資料結構。

- 本章將介紹**選擇排序法** (Selection Sort)，先學會選擇排序法將有助於理解第4章所介紹的**快速排序法** (QuickSort)。

2-1 記憶體是如何運作的呢？

想像一下，你去看一場表演，在入場前得先把東西寄放到置物櫃裡。現場有一個櫃子，每個抽屜只能存放一件物品。如果要寄放兩件物品，就需要兩個抽屜。

▲ 將物品寄放好後，就可以欣賞表演了！

基本上，電腦的記憶體也是這樣運作的。電腦就像一個巨大的櫃子，每個抽屜都有自己的位址 (address)。

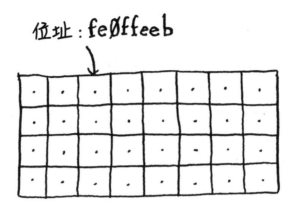

▲ fe0ffeeb 是記憶體內的一個位址

每次要將元素存入記憶體時，都必須請電腦空出一些空間，而電腦給你的是一個可以儲存該元素的位址。如果要儲存多個元素時，可使用**陣列** (array) 或**鏈結串列** (linked list) 的方法。

接下來，將介紹陣列和鏈結串列，並說明它們的優缺點，充分理解兩者的差異非常重要，因為這樣我們才能根據需求選擇最適用者。

2-2　陣列 (array) 與鏈結串列 (linked list)

有時候你需要將多個元素儲存到記憶體中。例如要開發一個管理待辦事項的程式，就得將多個待辦事項存入記憶體。那麼你該選擇陣列還是鏈結串列呢？

▌陣列 (array)

我們先說明將多個待辦事項存入陣列 (array) 的過程，因為陣列的概念最容易理解。選用陣列表示所有的待辦事項都連續（緊鄰著）存入記憶體裡。

假設你想新增第 4 個待辦事項，但是下一個位置已經被佔用了！

不能新增待辦事項，這個位置已經被佔用了

BRU NCH	BO CCE	TEA	

這就像和兩位朋友去看電影，在電影院找到座位後，突然又有一位朋友臨時加入，但是旁邊已經沒有座位了，這時如果你們還是要坐在一起，那就必需移動到可以容納 4 個人的新位置。如果記憶體遇到這樣的情況，必須請電腦提供可以容納 4 個待辦事項的記憶體空位，再將所有待辦事項移過去。

如果又有朋友要加入，但是旁邊的座位不夠，就得再次移動了，實在有點麻煩！同樣地，在陣列中新增元素也很麻煩。如果每次空間都不夠，而且需要一直移到新的記憶體區塊時，新增元素的過程就會變得很冗長。

有個簡單的方法可解決，那就是「**先佔位置**」，就算只有 3 個待辦事項，但為了以防萬一，先跟電腦要 10 個空位。這麼一來你就可以將待辦事項增加到 10 項而不用移動了。雖然這個做法不錯，但還是有以下兩個缺點：

● **浪費空間**：你可能用不到那些多申請的空間，但那些記憶體空間就這樣浪費了。雖然你沒有使用，但是別人也無法使用。

● **得再次移動**：你的待辦事項可能會超過 10 個，到頭來還是得移動。

所以囉！「先佔位置」雖然是個好方法，但並不是一個完美的解決方法。改用鏈結串列就能解決這個新增元素的問題。

▌鏈結串列 (linked list)

　　使用鏈結串列 (linked list) 時，元素可以存放在記憶體中的任何一個空位。

　　採用鏈結串列，存放每個元素的同時，也會記錄下一個元素的存放位址。這樣就能循著位址找到串列的每一個元素了！

▲ 鏈結的記憶體位址 (編號 01 鏈結到編號 13，再鏈結到編號 22)

這有點像尋寶的概念。你到第一個位址時，上面寫著「去位址 123 可找到下個元素」。你移動到位址 123 後，上面寫著「去位址 847 可找到下個元素」、…依此類推。所以要將新的元素新增到鏈結串列非常簡單，隨便在記憶體內找個空位並將該空位的位址存到上個元素裡就可以了。

使用鏈結串列就不用把元素搬來搬去，而且還可以避免發生以下的情況：假如你和 5 位朋友去看一部熱門的電影，你們 6 個人要找座位，但是電影院大爆滿，已經沒有 6 個連在一起的座位了。在使用陣列時也會遇到這樣的狀況，當你需要為陣列準備 10,000 個儲存槽時，但是記憶體沒有 10,000 個連在一起的空儲存槽，這樣就沒有空間可以建立陣列了！但是，鏈結串列這時候會說「我們分頭找座位看電影吧！」。只要記憶體有足夠的空間，就能建立鏈結串列。

既然鏈結串列這麼好用，那還要陣列做什麼？

▌陣列與鏈結串列的優缺點

我們常在網路上看到各種「十大排行榜」的網站，這些網站為了賺瀏覽量會用些取巧的伎倆。例如，不會將所有內容顯示在同一個網頁裡，而是一頁只顯示一個項目，當你按「下一頁」才顯示下一個項目。以「10 大電視劇反派

％0 邪惡的貓 下一頁

角色」的網頁為例，不會一次顯示所有排名；而是從排名第 10 名的紐曼 (Newman) 開始，你得在每個頁面按「下一頁」，最後才能看到排名第一的葛斯塔沃・弗林 (Gustavo Fring)。這些網站會這樣設計，是因為可以獲得 10 個頁面的廣告曝光機會，但是為了知道第一名是誰，必須按九次「下一頁」實在是很無聊。比較人性化的設計是將這 10 個演員放在同一個頁面，並讓瀏覽者點選演員名字時顯示相關資訊。

鏈結串列有類似的問題。假設你想讀取鏈結串列的最後一個元素時，你沒辦法直接讀取，因為你不知道它的位址。必須先從第一個元素取得第二個元素的位址，再從第二個元素取得第三個元素的位址，依此類推直到取得最後一個元素的位址。**若你要逐一讀取元素，那鏈結串列非常適合，你可以讀取一個元素後，再依照位址讀取下一個元素。但如果你並沒有要依序讀取，那麼鏈結串列會是很糟糕的選擇。**

陣列就不一樣了！你已經知道陣列內的所有位址了。舉例來說，陣列內有 5 個元素，而且位址是從 00 開始，那麼第 5 個元素的位址是多少？

用簡單的算術就能算出 04 這個答案。**如果需要隨機讀取※，那麼陣列就非常適合，因為可以瞬間讀取陣列內的任何一個元素。**鏈結串列的元素並非連續排列，所以無法馬上算出第 5 個元素的記憶體位址，你必須要從第一個元素取得第二個元素的位址，再從第二個元素取得第三個元素的位址，依此類推直到取得第五個元素的位址。

※　**編註：**為什麼叫**隨機**（random）呢？其實它和隨機一點關係也沒有，它的意思是你可以隨意地存取任何一個元素，它所花的時間是一樣的，而不用像鏈結串列一樣，每次都要從頭開始走一遍，而且越後面的位置花的時間越多。

▌了解陣列的「索引」(index)

陣列內的每個位置都有編號，這個編號（位置）叫做**索引** (index)。編號不是從 1 開始，**而是從 0 開始**。例如右圖這個陣列編號 1 的內容為 20。

而 10 是在編號 0 的位置。這樣的編號方式常讓程式初學者感到困惑。從 0 開始會讓各種陣列相關的程式碼更容易撰寫，所以程式設計師們就延續了這個模式，幾乎所有程式語言都是從 0 開始編列陣列的元素位置，你很快就會習慣了。

每個元素的位置稱為**索引** (index)。講白話一點就是，我們可以說 20 在第 1 個位置，但專業的行話會說 20 的索引是 1。本書會用**索引**取代**位置**。

下圖是常見的陣列和鏈結串列的操作執行時間。

	陣列	鏈結串列
讀取	O(1)	O(n)
插入	O(n)	O(1)

O(n) = 線性時間
O(1) = 常數時間
※請參考 5-8 頁的小編補充

想想看：為什麼在陣列中插入元素的執行時間為 O(n)？如果要將新的元素放在陣列的第一個位置，應該怎麼做？會耗費多少時間？答案就在下一頁！

練習

2.1　假設你要寫一個記錄每天花費的記帳程式，到月底時檢視及加總當月的費用。像這樣的情況，插入資料的需求比較多，而讀取的需求較少。你應該選擇陣列還是鏈結串列呢？

1. 雜貨
2. 電影
3. SFBC 會員

▌將待辦事項「插入」到清單的中間

假設原本是將新增的待辦事項放在清單的最後（如下方的左圖），但是現在想將新增事項依「執行順序」插入到清單中間（如下方的右圖），此時該用陣列還是串列比較好呢？

▲ 將新增事項放在清單的最後　　　　▲ 依執行順序插入到清單裡

如果選用陣列，你必須將插入點之後的所有元素往後遞移。但如果沒有空間可遞移，就必須將所有待辦事項搬到其他位置（就像先前所舉例的「看電影」）。

所以想將待辦事項插入到中間的位置，用陣列很麻煩，串列是最好的選擇。選用串列，只要變更前一個待辦事項所記錄的位址就可以了。

▲ 目前的待辦事項是**編號 01** 鏈結到**編號 13** 再鏈結到**編號 22**

▲ 將新的待辦事項插入到**編號 14** 後，就會變成**編號 01** 鏈結到**編號 13**，再鏈結到**編號 14**，最後鏈結到**編號 22**

指標 (pointers)

前面已經提到很多關於**鏈結串列**中每個元素如何指向下一個元素的內容。但它到底是怎麼做到的呢？只要用**指標** (pointer) 就行了！

在鏈結串列中每個元素會多配置一些記憶體來儲存下一個元素的位址，這些儲存位址的變數就稱為**指標** (pointer)。使用 C 語言撰寫程式時，常會看到**指標**一詞，了解它的意義會很有幫助。

▍「刪除」待辦事項

如果想要刪除待辦事項，選擇哪個方法比較適合呢？答案仍然是鏈結串列比較適合，因為只要修改前一個待辦事項所指向的位址就可以了。如果選用陣列，在刪除元素後，其後的所有元素都要往前移動。不過，與插入情況不同的是，刪除不會失敗，但是插入的操作可能會因為記憶體空間不足而失敗。以下是陣列和鏈結串列在相同操作下的執行時間。

	陣列	鏈結串列
讀取	O(1)	O(n)
插入	O(n)	O(1)
刪除	O(n)	O(1)

值得一提的是，鏈結串列只有在已經指到要刪除（或插入）的元素位址後，純粹進行刪除（或插入）的動作，其執行時間才是 O(1)。如果目前還沒有指到要刪除的元素位址，那麼得從頭開始查訪整個鏈結串列，直到找到要刪除的元素，這個查訪動作的執行時間就是 O(n)。

2-3 陣列與鏈結串列的存取方式

陣列有很多**鏈結串列**沒有的優點,所以被廣泛使用,除了容易讀取外,還允許**隨機存取**。

資料的存取方式有兩種:**隨機存取** (Random access) 和**循序存取** (Sequential access)。**循序存取**顧名思義就是從第一個元素開始依序讀取元素,直到讀取目標元素為止;**隨機存取**則是依資料的索引位置直接讀取元素。

鏈結串列只能使用**循序存取**,如果想存取鏈結串列的第 10 個元素,就得按照鏈結依序讀取前面 9 個元素,並依序查找位址直到找到第 10 個元素。**隨機存取**則是可以直接跳到第 10 個元素,若想使用**隨機存取**,就得以陣列為主。

陣列除了支援**隨機存取**,也能搭配快取增加存取速度。也許你想像中電腦是如下圖這樣一個一個讀取元素:

但實際上電腦會一次讀取整個區段，這樣可以更快地讀取下個元素。

陣列可以一次讀取整個區段的元素，但**鏈結串列**不行，因為不知道下一個元素的實體位址在哪兒：得先讀取前面的元素、然後找出下一個元素的位址，才能再接著讀取後續的元素。

所以陣列不僅支援**隨機存取**，還提供更快的循序存取！

陣列在存取方面有優勢，那麼在記憶體效能方面呢？前面提過，使用陣列時通常得配置比實際需要還要多的空間；若後來用不到那麼多，多配置的不就等於被浪費掉了？

事實上，陣列浪費掉的空間並不多。使用**鏈結串列**時，每個元素都要額外配置記憶體來儲存下一個元素的位址，若每個元素都很小，鏈結串列會佔用更多的空間。下圖是相同的資料分別以陣列和**鏈結串列**形式儲存，你會發現**鏈結串列**明顯佔用更多的空間。

陣列

鏈結串列

當然，如果資料本身佔的空間比指標大很多，記憶體又有限禁不起浪費，那改用**鏈結串列**反而可節省空間。所以能用陣列就用陣列，特殊情況時才使用**鏈結串列**。

練習

2.2　假設你正在替餐廳開發顧客點餐系統，服務生會持續將新的訂單輸入到系統裡，而廚師則會從系統中取出訂單。這是一個訂單**佇列** (queue)：服務生將新訂單加到佇列的末端，廚師則是從佇列的前端取出第一筆訂單，並進行烹煮。

末端 ⟶ 前端

服務生將新訂單　～ 訂單佇列 ～　廚師從佇列中取
加到佇列末端　　　　　　　　　出前端的訂單

請問你該使用陣列還是鏈結串列來處理訂單佇列呢？（提示：鏈結串列的強項是新增和刪除；而陣列的強項是隨機存取）。這種情況你會採取哪一種資料結構呢？

▼接下頁

2.3 我們來進行一個小小的思考訓練。假設 Facebook 有一份使用者名單，每當有使用者嘗試登入 Facebook 時，就會搜尋該使用者名稱。若在使用者名單中找到該使用者名稱，就能登入 Facebook。登入 Facebook 的人很多，所以會頻繁地搜尋使用者名單。若 Facebook 採用二元搜尋法來搜尋，二元搜尋法需要隨機存取，以確保可以立即從使用者名單的中間開始搜尋。在這樣的前提下，應該選擇陣列還是鏈結串列呢？

2.4 Facebook 註冊的人數很多，假如選用**陣列**來儲存使用者名單，插入新使用者時會遇到哪些問題？還有，如果用二元搜尋法搜尋登入資料，在陣列中新增使用者時會發生什麼事呢？

2.5 事實上，Facebook 不用陣列也不用鏈結串列來儲存使用者資訊。也許我們可以考慮一個混合的資料結構，假設有一個由 26 個儲存槽組成的陣列，每個儲存槽都指向一個鏈結串列。例如，陣列的第 1 個儲存槽指向一個鏈結串列，這個鏈結串列存放了所有 A 開頭的使用者名稱。第 2 個儲存槽指向存放所有 B 開頭的使用者名稱，依此類推。

陣列（已排序） 鏈結串列（未排序）

▼接下頁

假設 Adit B 註冊了 Facebook 帳號，為了將 Adit B 加入使用者名單。得先到陣列的第 1 個儲存槽，再進入第一個儲存槽所指向的鏈結串列，然後將 Adit B 加到鏈結串列的最後一個位置。若要搜尋 Zakhir H，首先要到陣列的第 26 個儲存槽，這個儲存槽會指向存放 Z 開頭使用者名稱的鏈結串列。接著搜尋這個鏈結串列並找出 Zakhir H。

請試著將這個混和型的資料結構與陣列和鏈結串列做比較。它在搜尋和插入的速度比陣列和鏈結串列快還是慢？這題不需要用 Big O 執行時間，只要回答混合型的資料結構比較快或比較慢即可。

2-4 選擇排序法 (Selection sort)

接著，要學習的是**選擇排序法** (Selection sort)。要讀懂這一節的內容，你得充份了解陣列、鏈結串列以及 Big O notation，若還是一知半解，請回頭閱讀先前的內容。

在此我們用一個簡單的例子來說明選擇排序法的運作概念：假如電腦裡有一份記錄每位歌手播放次數的記錄表，若想依播放次數的高低來排序，該怎麼做比較好呢？

~♫♫~	播放次數
RADIOHEAD	156
KISHORE KUMAR	141
THE BLACK KEYS	35
NEUTRAL MILK HOTEL	94
BECK	88
THE STROKES	61
WILCO	111

首先，你可以建立一個新的表格，然後從原本的表格中搜尋所有資料（如下左圖），找出播放次數最多的歌手，並將該歌手搬到新的表格中（如下右圖）。

~♫♫~	播放次數
RADIOHEAD	156
KISHORE KUMAR	141
THE BLACK KEYS	35
NEUTRAL MILK HOTEL	94
BECK	88
THE STROKES	61
WILCO	111

→

♪ 排序 ♫	播放次數
RADIOHEAD	156

1. RADIOHEAD 的播放次數最多

2. 將 RADIOHEAD 加入到新的表格

重複上述步驟，找到播放次數第二多的歌手。

~♫~	播放次數
KISHORE KUMAR	141
THE BLACK KEYS	35
NEUTRAL MILK HOTEL	94
BECK	88
THE STROKES	61
WILCO	111

→

♪ 排序 ♫	播放次數
RADIOHEAD	156
KISHORE KUMAR	141

1. KISHORE KUMAR 是播放次數第二多的歌手

2. 下一個加入新表格的歌手就是他了

不斷重複上述步驟，就能得到一個排序好的表格了。

~♫~	播放次數
RADIOHEAD	156
KISHORE KUMAR	141
WILCO	111
NEUTRAL MILK HOTEL	94
BECK	88
THE STROKES	61
THE BLACK KEYS	35

▲ 依播放次數由高到低排列

讓我們試著從電腦的角度來看看這麼做得花多少時間。別忘了 O(n) 執行時間意味著每個元素都會被查找。例如，用簡易搜尋法搜尋所有歌手（如下圖），就代表所有的歌手都會被查找一次。

若要找出播放次數最多的歌手，必須查找清單中的每位歌手。也就是執行時間為 O(n)。所以每次都**耗時** O(n)，而該操作得要執行 n 次：

上圖表示會**耗時** O(n × n) 或是 O(n²)。

每次查找的元素愈來愈少，為什麼執行時間是 $O(n^2)$？

你可能會覺得疑惑，每次執行查找步驟時，要查找的元素數量會一次少一個，且愈來愈少，最後只剩下一個元素要查找。既然如此，為什麼執行時間還是 $O(n^2)$ 呢？這是個好問題，答案與 Big O notation 的常數有關係。在此我先做個重點提示，第 4 章再做詳細說明。

沒錯！你不必每次都查找 n 個元素。第一次查找 n 個元素，第二次查找 n-1、n-2、……、2、1，平均每次查找 1/2 x n（可寫成 n/2）個項目，執行時間為 O(n x 1/2 x n（可寫成 $n^2/2$））。但是像 1/2 這樣的常數，在 Big O notation 中會被忽略（請參閱第 4 章的說明），所以會寫成 **O (n x n)** 或 **$O(n^2)$**。

排序演算法非常實用，相關的應用包括：

● 排序電話簿裡的姓名。

● 依日期排序旅遊時間。

● 依日期排序電子郵件（由新到舊）。

選擇排序法是不錯的演算法，但是速度不快。快速排序法 (Quicksoft) 是速度較快的演算法，執行時間為 **O(n log n)**，我們將在第 4 章做介紹。

▌程式碼範例

　　了解選擇排序法的概念後，我們用 Python 來實作看看，底下將示範由小到大將一個 Python 的 list (串列) 中的數值加以排序 (因為 Python 沒有原生陣列，所以我們用 list 來替代，若您使用其它程式語言，可用陣列來撰寫如下的範例)。

　　首先，寫一個用來找出串列中最小元素的函式：

▶ FileName：Python\Ch02\01_selection_sort.py

```
# 在串列中找出最小值的索引

def findSmallest(arr):
    smallest = arr[0]        ←——————— 儲存串列最開頭的值 (第 0 個元素值)
    smallest_index = 0       ←——————— 從串列第 0 個元素開始
    for i in range(1, len(arr)):
        if arr[i] < smallest:
            smallest_index = i    ←——— 記下目前最小值的索引
            smallest = arr[i]     ←——— 記下目前的最小值
    return smallest_index    ←——————— 跑完串列就把最小值的索引傳回去
```

　　現在你可以用這個函式來撰寫選擇排序 (Selection Sort)：

```
# 排序陣列中的資料

def selectionSort(arr):    ← 用 Selection Sort 演算法對串列的元素做排序
    newArr = []            ←——————— 建立新串列
    for i in range(len(arr)):   ← 走訪原串列
        smallest = findSmallest(arr)← 找出串列中最小值的 index
        newArr.append(arr.pop(smallest))  ←—— pop()會從原陣列 arr 當中
                                              把 smallest 位置 (index)
                                              的元素搬走並傳回

    return newArr   ← append()會把 pop() 傳回來的
                      元素值加到 newArr 的尾端

print(selectionSort([5, 3, 6, 2, 10]))
```

執行結果

```
[2, 3, 5, 6, 10]
```

小編補充

1. 為幫助您快速理解陣列與鏈結串列，我們將本章所提到的重點整理成下表：

	陣列	鏈結串列
元素的存放	一個接一個連續排列	分散在各處
存取方式	隨機存取	循序存取
插入操作	需要搬移插入點之後的所有元素，若沒有空間會發生錯誤 執行時間：O(n)	只需更改元素的指向位置 執行時間：O(1)
刪除操作	刪除元素後，後續的元素要往前搬動 執行時間：O(n)	只需更改元素的指向位置 執行時間：O(1)

2. Python 並沒有原生的陣列或鏈結串列資料結構，但是一些第三方函式庫或套件都提供了支援。雖然 Python 的 list 名字看起來像 linked list，但它並不是，它也不是陣列，比較像**練習 2.5** 那個資料結構，但更有彈性。

我們在 01_selection_sort.py 當中是把 Python 的 list 當成陣列來使用，我們也使用了它的 append() method 來把新的元素附加到串列尾端，並使用 pop() method 由串列中抽取並刪除一個元素。

▼接下頁

Python 的 list 不是陣列為什麼可以「當成」陣列來使用呢？因為我們可以限縮一個功能較多的資料結構來模擬成一個功能較少的資料結構，要這樣做很簡單，我們只要不去使用那些多出來的功能就好了 ☺。反過來，如果要用功能較少的資料結構去實作功能較多的資料結構，那就要多寫些程式碼來補足了！

AI 輔助 **小編補充：利用 ChatGPT 改寫成不同程式語言的程式碼**

本章作者有提到，使用其他程式語言可改用陣列來撰寫**選擇排序法**。不過一般人熟悉的程式語言有限，往往要花很多功夫查詢與驗證，才有辦法改寫成不同程式語言。先前就有高手開發出程式碼轉換工具，現在用 ChatGPT 來轉換會更有效率。

此處可改成任何其他語言與適當的資料型別

Prompt

請幫忙將以下程式碼改用 C 語言的陣列來撰寫。

```python
def findSmallest(arr):
  smallest = arr[0]
  smallest_index = 0
  for i in range(1, len(arr)):
    if arr[i] < smallest:
      smallest_index = i
      smallest = arr[i]
  return smallest_index

def selectionSort(arr):
  newArr = []
  for i in range(len(arr)):
      smallest = findSmallest(arr)
      newArr.append(arr.pop(smallest))
  return newArr

print(selectionSort([5, 3, 6, 2, 10]))
```

前述的 Python 程式碼

2-5 本章摘要

✓ 電腦的記憶體就像一堆抽屜。

✓ 要存放多個元素時，可以用**陣列**或是**鏈結串列**。

✓ 陣列內的元素會依序相鄰。

✓ 鏈結串列內的元素會分散在各處，每個元件都會記錄下一個元素的位址。

✓ 陣列可以快速讀取（隨機存取）。

✓ 鏈結串列可以快速「插入」和「刪除」。

M E M O

遞迴 (Recursion) | 3
chapter

本章重點：

- 認識**遞迴** (Recursion)。演算法會經常使用遞迴的程式撰寫技巧，瞭解遞迴有助於理解後面的章節。

- 學習如何將問題拆解成 **Base Case** (基本情況) 和 **Recursive Case** (遞迴情況)。第 4 章介紹的**各個擊破法** (Divide And Conquer) 就是使用這個簡單的概念來解決困難的問題。

對於本章要介紹**遞迴**這個主題，我感到很興奮，因為遞迴是我最喜歡的主題之一，它能優雅地解決問題，但是大家對它的看法很兩極，有人愛它、有人恨它；也有人是一開始覺得很討厭，但是幾年後就發現它的好處並且愛上它，我就是屬於後者。

本章的遞迴程式碼範例，請務必親自「動手用紙筆」執行這些程式碼的每一步驟，以瞭解程式碼的運作原理。例如：「當我將 5 傳入 factorial（階乘）這個函式時，會回傳 5，然後再乘上 4 傳入 factorial，最後結果為……」，依此類推。用這樣逐步檢視的方式來學習，才會確實了解遞迴的運作原理。

3-1　認識「遞迴」(Recursion)

假設你正在祖母的閣樓裡尋寶，發現了一個上鎖的神秘手提箱。

祖母告訴你，手提箱的鑰匙可能放在另一個箱子裡面。

箱子裡有很多
大大小小的盒子

最外層的收納箱
(Main Box)

這個收納箱 (Main Box) 裡有很多大大小小的盒子，而這些盒子內還有多個小盒子，鑰匙就放在其中的某個盒子裡，你該如何設計尋找鑰匙的演算法呢？請先自己想好一個演算法再繼續看下去。

方法 1

首先，參考如右這個方法。

先將收納箱 (Main Box)
內的所有盒子拿出來排
成一堆 (待檢查區)

只要待檢查區還
有盒子，就拿起
一個盒子來檢查

如果裡面還有盒
子，就放到待檢
查的那堆盒子中

如果找到鑰匙，
就完成了！

回到盒子堆中拿下
一個盒子來檢查

我們將這個方法的流程整理如下：

1. 先將收納箱 (Main Box) 內的所有盒子拿出來排成一堆（待檢查區）。

2. 只要待檢查區還有盒子，就從盒子堆裡拿起一個盒子來檢查。

3. 如果盒子裡面還有盒子，就放到待檢區的盒子堆中。

4. 如果找到鑰匙，就完成了！

5. 不斷回到步驟 2。

方法 2

再來看另一個方法。

我們將這個方法的流程整理如下：

1. 逐一拿起盒子檢查。

2. 如果盒子裡面還有盒子，就繼續打開檢查。

3. 如果找到鑰匙，就完成了！

以上兩個方法，你覺得哪一個方法比較簡單呢？

● **方法 1**：只要還有未檢查的盒子，就拿起其中一個來檢查，我們用以下的**虛擬碼**※ 來說明：

```
def look_for_key(main_box):
    pile = main_box.make_a_pile_to_look_through()
                          將 main_box 中的小盒子拿出來放在待檢區 (pile)

    while pile is not empty:    ←——— 如果待檢區 (pile) 不是空的
            box = pile.grab_a_box()    ←——— 拿起其中一個盒子
            for item in box:    ←——— 走訪盒子中的品項
                if item.is_a_box():    ←——— 如果該品項是盒子
                    pile.append(item)    ←——— 繼續放入待檢區
                elif item.is_a_key():    ←——— 如果盒子裡有鑰匙
                    print("找到鑰匙了！")    ←——— 就印出 "找到鑰匙了！"
```

※ **編註：虛擬碼** (Pseudo Code) 並不是真的可以執行的程式，而是一種類似程式碼的流程表達方式，用來描述我們試圖解決的問題，它的寫法雖然與一般程式語法雷同，但是更貼近我們平常說話的描述方式，好讓寫程式的人可以用任何程式語言 (如：Python、C、C++、⋯等) 來撰寫。

● **方法 2**：採用遞迴 (指函式呼叫自己本身) 的方法，其虛擬碼如下：

```
def look_for_key(box):    ←——— 找鑰匙的函式，運作的對象：從引數傳來的 box
    for item in box:    ←——— 走訪盒子中的品項
        if item.is_a_box() :    ←——— 如果這是盒子
            look_for_key(item)    ←——— 遞迴！呼叫自己！開始找
                                        看看盒子裡有沒有鑰匙
        elif item.is_a_key() :    ←——— 如果盒子裡有鑰匙
            print("找到鑰匙了！")    ←——— 就印出 "找到鑰匙了！"
```

雖然兩個方法的結果一樣（都會找出鑰匙），但我覺得**方法 2** 比較容易理解。使用遞迴的目的就是想讓解決的方法更明確，但採用遞迴並不會提升效能，甚至有時候用迴圈還比較快。我很喜歡 Leigh Caldwell（李・考德威爾）在 Stack Overflow（國外開發者論壇）上的一句話：「迴圈可能會提升程式的效能，但遞迴可能會提升程式設計師的效益。請依不同情況做選擇！」（資料來源：http://stackoverflow.com/a/72694/139117）。

許多重要的演算法都使用遞迴，所以理解遞迴的概念非常重要。

3-2　遞迴的 Base Case 與 Recursive Case

由於遞迴函式會呼叫自己，所以一不小心就會寫出無限循環的函式。例如，要寫一個如下的倒數函式時：

```
> 3...2...1
```

可以用遞迴的方式撰寫，其程式碼如下：

▶ FileName：Python\Ch03\01_countdown_a.py

```
def countdown(i):
    print(i)
    countdown(i-1)

countdown(3)  ◀── 呼叫 countdown() 執行看看
```

執行結果

```
3
2
1
0
-1
-2
-3
⋮
```

你會發現這個函式永無止盡地執行下去！當你在實際執行程式時，若程式一直無法結束，可按下 Ctrl + C 鍵，強制結束執行。

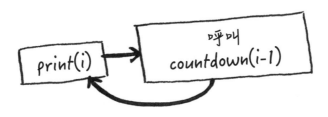

▲ 程式一直重複執行無法結束，形成「無窮迴圈」

▌設定何時停止遞迴

撰寫遞迴函式時，必須告訴它什麼時候停止遞迴。這就是為什麼每個遞迴函式都是由兩個部份組成，分別是：**Base Case**（基本情況）與 **Recursive Case**（遞迴情況）。Recursive Case 就是當函式呼叫自己本身時的情況，而 Base Case 就是**當函式不再呼叫自己時的情況**，這樣才能避免程式進入無限循環。

以下的虛擬碼示範在 Base Case 加入停止遞迴的條件：

```
def countdown(i):
    print(i)
    if i <= 1:  ← Base Case
        return
    else:  ← Recursive Case
        countdown(i-1)
        countdown(3)
```

現在函式就會如下執行：

小編補充 有關倒數的完整程式碼範例如下：

▶ FileName：Python\Ch03\01_countdown_b.py

```
def countdown(i):
    #Base Case
    print(i)
    if i <=1:  ←── 當 i 小於等於 1 時就結束遞迴
        return

    #Recursive Case
    else:
    countdown(i-1)  ← 否則用 i-1 呼叫 countdown

countdown(5)  ← 執行看看
```

▼接下頁

執行結果

```
5
4
3
2
1
```

小編補充 **Coding Interview 要點：使用遞迴的面試考題**

遞迴是許多 Coding Interview 會問到的概念，有時候也會要求實作寫程式，有不少題目可套用上述倒數的程式邏輯，例如：計算二進位數字有多少個 1、用遞迴計算是否可以被整除等，以下程式可檢查是否被 3 整除：

```
def isPowerOfThree(n):
    if n < 1:
        return False
    if n == 1:
        return True
    return n % 3 == 0 and isPowerOfThree(n // 3)
```

若不了解細節，可以搜尋「Power of Three」，或使用 **Bonus** 介紹的 GPT 刷題機器人來解答。

3-3 堆疊 (Stack) 在函式呼叫與遞迴的運用

▌堆疊 (Stack)

堆疊 (Stack) 是一種資料結構,函式呼叫時會用到堆疊技術,而使用遞迴時也必須理解堆疊的觀念。

堆疊是一種具有順序性的資料結構,「最晚放入堆疊」的資料會「最先被取出」(LIFO,Last-In-First-Out);而「最早放入堆疊」的資料會「最後被取出」(FILO,First-In-Last-Out)。我們用底下的「便利貼」來說明堆疊的概念。

假如你要辦個烤肉活動,為了方便採買,將要購買的物品寫在便利貼上。依 FILO 的購買順序疊成堆疊。

當你要新增採購的品項時,只要將品項名稱寫在便利貼上,然後貼在這疊便利貼的最上面;當採購完一項物品,直接讀取最上面的便利貼並撕下來就完成了。這麼一來,你只會進行兩個動作:push 和 pop。

push
(在最上面貼上一張便利貼)

pop
(讀取並撕掉最上面的便利貼)

讓我們來看看這個採購流程實際上是如何運作的。

原本有張記錄所有
要採購食材的清
單，包括買麵包、
漢堡還有烤蛋糕

我們分別將買麵包、漢堡、烤蛋糕寫
在 3 張便利貼上，並依採買順序 (後
買的貼下面，先買的貼上面) 貼成一
疊 (這就是堆入堆疊，push 的動作)

採買完一項食材就
撕掉一張便利貼
(這就是從堆疊中移
除，pop 的動作)

像這樣一個一個往上疊的資料結構就叫做**堆疊** (stack)。事實上，你一直在使用堆疊，只是沒發現罷了！

呼叫堆疊 (Call Stack)

呼叫函式時都會使用堆疊，這稱為**呼叫堆疊** (Call Stack)。透過以下這個簡單的程式範例，來看看函式呼叫時是如何使用堆疊來運作。

▶ File：Python\Ch03\02_greet.py

```
def greet(name):
    print("hello, ", name, "!")
    greet2(name)
    print("getting ready to say bye...")
    bye()

def greet2(name):
    print("how are you, ", name, "?")

def bye():
    print("ok bye!")

greet("maggie")  ← 從這裡開始執行
```

> 呼叫堆疊的「呼叫」不是動詞，是指呼叫函式時使用的堆疊，而不是去呼叫一個堆疊

執行結果

```
hello,  maggie !
how are you,  maggie ?
getting ready to say bye...
ok bye!
```

程式解說

讓我們逐步分析程式執行的所有過程。

Note 為了簡單起見，在此僅列出 greet、greet2、bye 函式的呼叫，至於 print 函式則省略。

首先，主程式呼叫了 greet("maggie")。那麼，電腦得先分配一塊記憶體來存放這個函式的變數。

最初在 def greet(name): 時，我們定義了一個叫做 name 的參數 (parameter)，當我們呼叫 greet("maggie") 時，"maggie" 就會經由此參數傳入 greet() 內部，成為 greet() 內部的變數 (variable)，變數名稱就是 name。所以記憶體就要分配一個區塊來記錄這個變數的名稱以及變數的值：name 變數的值被設為「maggie」，並存到記憶體內。

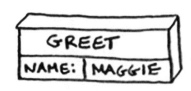

每次呼叫函式時，電腦就會像這樣，將呼叫該函式時會用到的所有變數的值存到記憶體。greet("maggie") 接著會輸出「hello, maggie！」，然後再呼叫 greet2("maggie")。電腦會再次分配一個記憶體給 greet2("maggie")。

目前呼叫的函式

分配給 greet2("maggie") 的記憶體

分配給 greet("maggie") 的記憶體

電腦會分配一堆這樣的記憶體盒子，第二個盒子會疊在第一個盒子上面。當 greet2("maggie") 輸出「how are you, maggie？」之後就從該函式返回到 greet("maggie")，此時堆疊最上面的盒子會被移除。

移除 greet2 後，現在最上面的盒子就是 greet 這個函式的記憶體盒子，意思就是我們回到了 greet 函式。請注意！greet2 函式是在 greet 函式內部被呼叫的，當時 greet 函式尚未執行完畢。

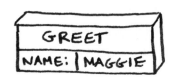

以上就是本章最重要的概念了：當你從 greet 函式呼叫 greet2 函式時，greet 函式會暫停執行，並停留在未完成 (partially completed) 狀態。greet 函式所用到的所有變數及值都會存在記憶體盒子裡。所以當執行完 greet2 函式時，greet2 的記憶體盒子就會被搬走，然後回到 greet 函式，並從暫停的地方繼續執行。greet 接著會輸出「getting ready to say bye...」。然後呼叫 bye 函式。

因為 bye() 沒有參數，所以沒有變數需要存放，但還是要有一個盒子以存放其它必要的東西

bye 函式的盒子會加到堆疊的最上方。接著會輸出「ok bye!」，然後 bye 的盒子再被搬走，從 bye 函式返回 greet 函式。

現在，又回到 greet 函式了。由於接下來沒有要執行的事項了，所以會離開 greet 函式。這種用來存放多個函式變數的堆疊，有個專有名詞稱為**呼叫堆疊** (Call Stack)。

※ **編註：**建議你可以連到 http://pythontutor.com/ 網站，透過逐步執行的方式來觀察遞迴的狀態。

練習　3.1　假設有個如下圖的 Call Stack，請問你從這個 Call Stack 得到什麼資訊？

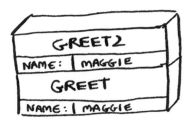

接著，將繼續說明 Call Stack 在遞迴函式中的作用。

▍Call Stack 與遞迴

遞迴函式也是使用 Call Stack！以 factorial 函式為例，factorial(5) 可寫成 5!，其定義為：5! = 5 * 4 * 3 * 2 * 1。同樣地，factorial(3) 就是 3*2*1。以下的遞迴函式可用來計算任何一個數字的階乘：

▶ File：Python\Ch03\03_factorial.py

```python
def fact(x):    ← 為了簡化起見，此函式不處理 0!=1 的情況
    if x == 1:
        return 1
    else:
        return x * fact(x-1)

print(fact(3))
```

現在我們呼叫 fact(3)，並逐行檢視這個呼叫以及觀察 Call Stack 如何變化。別忘了，堆疊最上面的盒子就是目前被呼叫的 fact 函式，下方的堆疊則屬於執行到半途的函式。

程式碼 | Call Stack (呼叫堆疊)

fact(3) | FACT / x | 3 — 首次呼叫 fact, x = 3

if x == 1: | FACT / x | 3

else: | FACT / x | 3

遞迴呼叫! return x * fact(x-1) | FACT / x | 2 / FACT / x | 3

第二次呼叫 fact, x = 2 | if x == 1: | FACT / x | 2 / FACT / x | 3 — 最上層的函式呼叫,就是正在執行中的函式

else: | FACT / x | 2 / FACT / x | 3 — 注意:這兩個函式呼叫的變數都為 x,但是兩個變數的值不一樣

return x * fact(x-1) | FACT / x | 1 / FACT / x | 2 / FACT / x | 3 — 你無法從這個呼叫存取這個呼叫的 x 值,也不能反過來存取

if x == 1: | FACT / x | 1 / FACT / x | 2 / FACT / x | 3

哇!我們呼叫了三次 fact,但到目前為止還未執行完任何一個呼叫 return 1 | FACT / x | 1 / FACT / x | 2 / FACT / x | 3 — 這是第一個從堆疊中移除的記憶體盒子,表示第一次返回就是從這個呼叫開始 — 回傳 1

3-16

堆疊在遞迴中扮演非常重要的角色。本章一開始的範例提供了兩種尋找鑰匙的方法。我們再次回顧第一種方法。

這個方法是將要檢查的盒子堆在一起，這樣才知道哪些盒子尚未檢查。

下一個要檢查
的盒子

將盒子堆在一起

若採用遞迴的方法，就不會有這堆盒子。

逐一拿起
盒子檢查

如果裡面是
盒子…

如果找到鑰匙，
就完成了！

　　如果沒有把盒子堆在一起，我們的演算法要怎麼知道哪些盒子需要檢查呢？請看以下範例。

檢查盒子 A

裡面有盒子 B 和
盒子 C

檢查盒子 B

裡面有盒子 D

檢查盒子 D

盒子是空的

此時，我們的呼叫堆疊看起來像這樣。

尚未檢查的盒子

這些「盒子堆」儲存在堆疊裡。上圖是一種半完成的函式呼叫堆疊，每個函式都有自己尚未檢查完的盒子。使用堆疊非常方便，**你不需要自己記錄哪些盒子尚未檢查，因為堆疊已經幫你記錄好了。**

雖然使用堆疊很方便，但這是要付出代價的，存放這麼多資訊很佔記憶體空間。由於每個函式呼叫都會佔用記憶體空間，當堆疊越疊越高時，就表示電腦存放了很多函式呼叫資訊。這時候你有兩個選擇：

● 將程式碼以迴圈的方式改寫。

● 或使用**尾端遞迴** (tail recursion)。不過，這是比較進階的遞迴主題，不在本書的討論範圍內，而且並非所有程式語言都支援尾端遞迴。

練習　3.2　假設不小心寫了一個無限循環（沒有停止點）的遞迴函式，如前面所說，電腦會為堆疊內的每個函式呼叫分配記憶體。如果遞迴函式不斷執行，最後會變成怎樣？

3-4　本章摘要

✓ 遞迴是指函式呼叫自己本身。

✓ 每個遞迴函式都必須有 Base Case（基本情況）和 Recursive Case（遞迴情況）兩種。

✓ 堆疊有兩個動作：push 和 pop。

✓ 所有函式呼叫都會產生一個 Call Stack（呼叫堆疊）。

✓ 遞迴的 Call Stack 可能會變得非常大，並且佔用大量的記憶體。

M E M O

Divide-and-Conquer 與快速排序法 (Quicksort)

4
chapter

本章重點：

- 本章將介紹 **Divide-and-Conquer** (以下簡稱 D&C)，中文譯為「分治法」，也有人稱為「各個擊破法」。有時候你可能會遇到一些無法用學過的演算法來解決問題，但是演算法高手遇到這樣的問題時不會輕易放棄，他們會拿出所有看家本領來解決問題。本章介紹的 D&C 演算法，就是你第一個要學的技巧。

- 我們還將介紹**快速排序法** (Quicksort)，這是一種優雅的排序演算法，它使用 D&C 的技巧來解決問題。

本章將帶你進入演算法的核心，畢竟只能解決一種問題的演算法並不實用。而 D&C 會賦予你一個全新的思考和解決問題的模式。當你遇到前所未見的問題時不必緊張，先想想看是否能用 D&C 解決問題。

閱讀完本章，你將學會**快速排序法** (Quicksort)，這種排序演算法是一種優雅的程式碼 (Elegant Code)，執行速度比第二章介紹的**選擇排序法**快很多。

4-1 Divide-and-Conquer (D&C)

Divide-and-Conquer (D&C) 的概念是：將一個複雜的問題拆解成多個子問題，再用上一章學過的**遞迴**求出子問題的答案，最後將這些子問題的答案合併在一起，就可以得到原本複雜問題的答案了。

很多演算法都會用到 D&C 的技巧，例如：**二分搜尋法** (Binary Search)、**合併排序法** (Mergesort)，以及**快速排序法** (Quicksort)。但是初學者要完全掌握快速排序法可能得花一點時間，所以我將分成三個階段帶你熟悉。首先，我用一個劃分農地的範例帶你建立概念，接著再用一個容易理解的程式碼範例帶你實際操作一遍。最後，說明 D&C 在快速排序法中的應用。

假設你是一位農夫，有塊 1680×640 公尺的農地。

你想將這塊農地平均劃分成數個方形的小塊土地，而且希望每塊地的面積愈大愈好。但是以下這些劃分的方法都不好。

要怎麼做才能以最大面積劃分土地呢？不妨試試 D&C 方法！這個方法屬於遞迴演算法，用 D&C 解決問題時，一定會有以下兩個步驟：

1. 先找出 Base Case（基本情況），而且要用最單純的 Base Case。

2. 拆解或是縮減問題，直到變成 Base Case（基本情況）。（編註：也就是不再遞迴）。

讓我們用 D&C 來解決這個劃分農地的問題，找出最大的方形面積。

█ 找出 Base Case

　　首先，要找出「Base Case」。最簡單的情況就是**當其中一邊的長度為另一邊的倍數**，我們用下圖這個簡單的範例做說明。假設其中一邊是 25 公尺，而另一邊是 50 公尺，那麼最大的可分割面積為 25×25 公尺。在此條件下，你需要將農地劃分成兩塊 25×25 公尺的地才能劃分全部的農地。

　　透過剛才的例子了解如何定義 Base Case 後，就輪到 D&C 登場了，依據 D&C 的原理，每一次的遞迴呼叫都要縮減問題。那麼我們要如何縮減問題呢？首先找到可用的最大分割面積。

我們劃分出兩塊 640×640 公尺的農地後，還剩下一塊 640×400 公尺的農地可劃分。既然剩下一塊農地，何不將相同的演算法套用到這塊農地上呢？

640公尺

400公尺

可再劃分的農地

我們已經將原本的 1680×640 公尺的農地縮減到只剩下 640×400 公尺的農地需要再劃分。如果能找出適合這塊農地 (640×400 公尺) 的最大分割面積，那麼這個最大分割面積就能套用到整塊農地。

歐幾里德演算法 (Euclid's Algorithm)

剛才我們說「如果能找出適合這塊農地的最大分割面積，那麼這個最大分割面積就能套用到整塊農地。」，如果你沒辦法馬上理解為什麼這句話是對的，別擔心！因為這個問題的答案並不明顯。只是要證明這個論點需要很多篇幅，我們無法在本書詳細説明。對這個論點有興趣的人，可以透過 Google 或 YouTube 以「歐幾里德演算法」或「Euclid's Algorithm」為關鍵字來搜尋相關的教學。或是連到 Khan Academy (可汗學院)※ 搜尋相關教學。其網址如下：https://www.khanacademy.org/computing/computer-science/cryptography/modarithmetic/a/the-euclidean-algorithm。

※ **編註：**Khan Academy (可汗學院) 提供非常豐富的教學資源，內容涵蓋數學、天文、物理、經濟與金融、電腦科學、醫學、…等。

接著，我們繼續套用相同的演算法。從剛剛剩下的 640×400 公尺農地開始劃分，最大可劃分的面積為 400×400 公尺。

如此一來，就會剩下一塊 400×240 公尺的農地了。

再繼續劃分 400×240 公尺的農地，會剩下一塊更小的 240×160 公尺農地。

你可以繼續從 240×160 公尺的農地劃分出下一塊地，這樣剩下的農地面積會愈來愈小。

BASE CASE!

不斷劃分土地後，終於出現 Base Case 了！上圖的 160 公尺是 80 公尺的倍數。如果繼續劃分這塊農地後，就不會有剩下的農地了！

由此可知，原本 1680×640 公尺的農地所能分割的最大面積為 80×80 公尺。

總結來說，D&C 的運作原理如下：

1. 先找出最單純的情況作為 Base Case (基本情況)。

2. 分割或縮減問題，直到將問題變成 Base Case。

D&C 不但可以解決問題，也能提供思考問題的方法。我們再看一個例子，右圖是一個數字陣列。

假如你要回傳陣列 (Python 是使用串列) 內所有數字的加總，在此用迴圈就能輕鬆完成：

▶ FileName：Python\Ch04\01_loop_sum.py

```python
def sum(arr):
    total = 0
    for x in arr:
        total += x
    return total

print(sum([2, 4, 6]))
```

執行結果

```
12
```

如果要改用遞迴函式，該怎麼做呢？

Step 1 先定義 Base Case。請先想想看最單純的陣列是什麼樣子？再繼續往下讀。如果陣列裡的元素為 0 個或 1 個，要加總就很容易了。

$$\text{Base} \atop \text{Case} \left\{ \begin{array}{l} [\ ]\ 0\ 個元素\ =\ 加總為\ 0 \\ \boxed{7}\ 1\ 個元素\ =\ 加總為\ 7 \end{array} \right.$$

這就是 Base Case。

Step 2 接著，藉由每次遞迴呼叫，讓陣列內的元素數量愈接近 0 個（編註：也就是「空陣列」）。那麼，我們要如何縮減問題呢？

・方法 1：

$$\text{sum}(\boxed{2\ 4\ 6})\ \ =\ 12$$

・方法 2：

$$2 + \text{sum}(\boxed{4\ 6})\ \ =\ 2 + 1\emptyset = 12$$

上述兩個方法的結果都是 12。但是**方法 2** 傳入 sum 函式的陣列元素較少。換句話說，就是縮減問題了！

sum 函式是如何運作的呢？請看底下的示意圖：

實際運作如下：

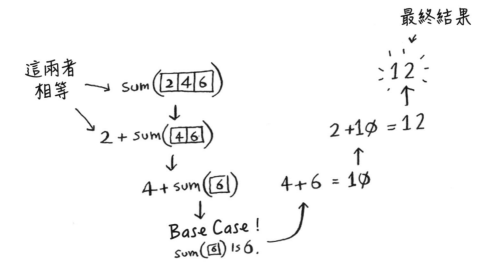

別忘了，遞迴會持續追蹤呼叫狀態 (即第 3 章的 Call Stack)。

在縮減到 Base
Case 前，這些
函式呼叫都不算
執行完畢！

別忘了，遞迴會用
Call Stack 儲存
這些尚未執行完畢
的函式呼叫狀態

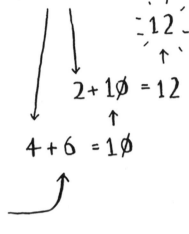

這是第一個執行
完畢的函式

TIPS 如果撰寫遞迴函式時會用到陣列，通常會以
「空陣列」或是含有一個元素的陣列作為 Base
Case。當你遇到問題時，不妨先試試這個方法。

什麼是函數式程式設計 (functional programming)？

以剛才的陣列加總範例而言，你可能會想「用迴圈就能輕鬆完成，為什
麼要用遞迴呢？」，其實我是想讓你體驗一下函數式程式設計！有些函數
式程式語言 (如 Haskell) 沒有迴圈，所以得用遞迴的方式撰寫函式。當你
瞭解遞迴的概念後，再學習函數式程式語言會比較容易上手。我將剛才
的 sum 範例，改用 Haskell 來寫：

```
Sum [ ] = 0 ◄── Base Case (基本情況)
Sum (x:xs) = x + (sum xs) ◄── Recursive Case (遞迴情況)
```

▼接下頁

有沒有注意到這裡的函式有兩個定義？第一個定義會在進入 Base Case 時執行。第二個定義會在 Recursive Case 時執行。

你也可以在 Haskell 中使用 if 敘述寫出這個函式：

```
sum arr = if arr == []
            then 0
            else (head arr) + (sum (tail arr) )
```

由於 Haskell 大量使用遞迴，所以提供許多貼心的設計，讓遞迴更容易使用。如果對遞迴很有興趣，或是想多學一種程式語言，可以考慮 Haskell。

> 編註 函數式程式設計是將程式函數化，將程式區分為功能單純的小函式，彼此之間只有參數傳遞，因此方便新增功能與維護。這種設計方式較耗電腦資源，以往並不受到重視，但現今電腦的效能早已經不是問題，函數式程式設計簡約的特色才得以凸顯。

練習

4.1　請撰寫上述 sum 函式的程式碼。

4.2　請寫出一個回傳陣列元素數量的遞迴程式。

4.3　寫一個遞迴函式，找出串列中最大的數字。

4.4　還記得第一章的二元搜尋法嗎？它也是一個 D&C 的演算法，請列出二元搜尋法的 Base Case 和 Recursive Case。

4-2　快速排序法 (Quicksort)

　　快速排序法 (Quicksort) 是一種排序演算法，它的執行速度比**選擇排序法** (Selection sort) 快上許多，是常用的演算法之一。例如，C 語言的標準函式庫中有個 qsort 函式，這個函式就是快速排序法的實作。快速排序法也活用了 D&C 的技巧。

▌空陣列或只有 1 個元素的陣列

　　如果要用快速排序法執行陣列元素的排序，哪一種陣列是排序演算法可處理的最單純陣列？(回想一下上一節提到的 Base Case)，也就是說，哪些陣列是完全不需要排序的？

　　空陣列或是只有一個元素的陣列都屬於 Base Case，因為沒有需要排序的元素，所以可以直接回傳陣列：

```
def quicksort(array):
    if len(array) < 2:
        return array
```

▊ 2 個元素的陣列

如果只有兩個元素的陣列也很容易排序。

▊ 3 個元素的陣列

那麼有 3 個元素的陣列，又該如何處理呢？

別忘了，我們正在使用 D&C，所以要把這個陣列縮小到符合 Base Case 為止，這正是快速排序法的運作方式。首先，請從陣列中取出一個元素，這個元素就叫做**基準值** (pivot)。

基準值

我們稍後會討論如何挑選一個好的基準值，暫時先將陣列的第一個元素當作基準值。

接著，找出「比基準值小的元素」以及「比基準值大的元素」。

這個過程稱為**分割** (partitioning)。完成分割後會得到：

● 所有小於基準值的子陣列

● 基準值

● 所有大於基準值的子陣列

子陣列的排序

剛分割好的這兩個子陣列（[15, 10] 及 [ ]）還沒有經過排序，該如何排序這些子陣列呢？我們剛才已經知道在快速排序法的 Base Case 下如何處理兩個元素的陣列 (左邊的子陣列) 以及空陣列 (右邊的子陣列)。所以，如果我們用快速排序法來排序這兩個子陣列並將結果組合在一起，就會得到一個排序好的陣列了！

```
quicksort ([15, 10]) + [33] + quicksort ([ ])
> [10, 15, 33]  ← 排序好的陣列
```

如果兩個子陣列在分割前就已經排序好，那麼只要將它們組合在一起
（左邊的陣列＋基準值＋右邊的陣列），就是一個排序好的陣列。以下圖的
例子而言，就是 [10, 15] + [33] + [] = [10, 15, 33]。

不論選擇哪個元素當作基準值，都可以完成陣列排序。例如選擇 15
當作基準值。

兩個子陣列都只有一個元素（分別為 10 及 33)，用剛才所學的方法
完成兩個子陣列的排序後，再將結果組合在一起，就完成整個陣列的排
序，我們將步驟整理如下：

1. 挑選一個基準值。

2. 將陣列分割成兩個子陣列：一個存放小於基準值的元素，另一個存放
    大於基準值的元素。

3. 遞迴呼叫快速排序法處理兩個子陣列。

▋4 個元素的陣列

若陣列中有 4 個元素,該如何處理呢?

假設選擇 33 當作基準值。

左邊的子陣列有 3 個元素,只要對子陣列遞迴呼叫快速排序法就完成排序了。

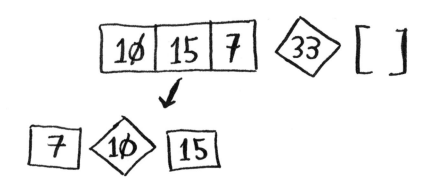

接著,依照前面所學的方法對含有 4 個元素的陣列進行排序。當你會排序 4 個元素的陣列,那麼 5 個元素的陣列排序也不會有問題。

5 個元素的陣列

下圖是含有 5 個元素的陣列。

依所選的基準值不同,陣列的分割情況如下:

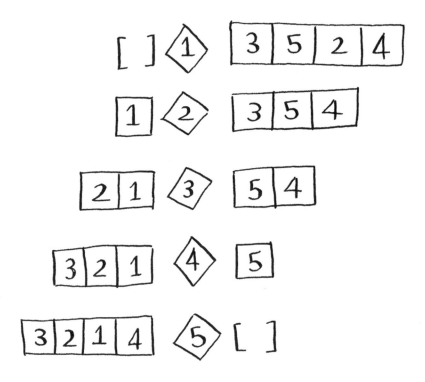

你會發現所有子陣列的元素數量都介於 0 到 4 之間。而你已經知道
如何用快速排序法排序 0 到 4 個元素的陣列了!所以不管基準值是什
麼,都能遞迴呼叫快速排序法處理分割出來的兩個子陣列。

舉例來說，若選擇 3 當作基準值，並呼叫快速排序法處理子陣列。

qsort (⟦2 1⟧) ◇3◇ qsort(⟦5 4⟧)

↓

⟦1 2⟧ ◇3◇ ⟦4 5⟧

↓

⟦1 2 3 4 5⟧

排序好兩個子陣列，然後將全部的子陣列組合起來，就會得到一個完成排序的陣列。如果選 5 當作基準值也沒問題。

qsort (⟦3 2 1 4⟧) ◇5◇ qsort(〔 〕)

↓

⟦1 2 3 4⟧ ◇5◇ 〔 〕

↓

⟦1 2 3 4 5⟧

不論選擇哪個數字當作基準值都可以得到一樣的結果，所以你已經學會對 5 個元素的陣列做排序。不論陣列中含有多少元素都能用同樣的邏輯來排序。

歸納證明法 (Inductive Proof)

剛才的說明其實已經踏入**歸納證明法** (Inductive Proof) 的領域了！歸納證明法是一種用來證明演算法能否運作的方法。歸納證明法包含兩個步驟：**Base Case (基本情況)** 及 **Inductive Case (歸納情況)**。是否有種似曾相識的感覺？舉例來說，我要證明我能爬到梯子的頂端。在 Inductive Case 下，如果我的腳踩在第一個階梯，我就能用另一隻腳往上踩在第二個階梯上，如果我踩在第二個階梯，就能繼續往上踩第三個階梯。而 Base Case 又可以確保，我的腳踩在第一個階梯，所以我可以每次往上踩一階，直到爬到梯子的頂端。

快速排序法的原理就是如此。在 Base Case 下，快速排序法對 0 及 1 個元素的陣列產生作用。在 Inductive Case 下，如果快速排序法能處理 1 個元素的陣列 (編註：因為有 Base Case，所以可以處理 1 個元素的陣列) 它就能處理 2 個元素的陣列。如果能處理 2 個元素的陣列，那麼就能處理 3 個元素的陣列，依此類推。這樣我們就能說快速排序法能處理任何個數的陣列了！歸納證明法是個有趣的方法，且與 Divide & Conquer 密不可分。

快速排序法的程式碼如下：

▶ FileName：Python\Ch04\02_quicksort.py

```
def quicksort(array):
    if len(array) < 2:
        return array    ← Base Case：含有 0 或 1 個元素的陣列，就不用再排序了
    else:
        pivot = array[0]    ← Recursive Case
        less = [i for i in array[1:] if i<= pivot]    ←  所有比基準值
                                                          小的元素的子
                                                          陣列
        greater = [i for i in array[1:] if i > pivot]  ←
                                                所有比基準值大的元素的子陣列
        return quicksort(less) + [pivot] + quicksort(greater)

print(quicksort([10, 5, 2, 3]))
```

執行結果

```
2, 3, 5, 10
```

4-3 進一步了解 Big O notation 的執行時間

　　快速排序法之所以獨特，**在於它的執行時間取決於所選定的基準值**。在繼續討論快速排序法前，我們先複習一下常見的 Big O 執行時間。

演算法	二元搜尋法	簡易搜尋法	快速排序法	選擇排序法	旅行推銷員問題
執行時間／陣列大小	$O(\log n)$	$O(n)$	$O(n \log n)$	$O(n^2)$	$O(n!)$
10	0.3 秒	1 秒	3.3 秒	10 秒	4.2 天
100	0.6 秒	10 秒	66.4 秒	16.6 分鐘	2.9×10^{149} 年
1000	1 秒	100 秒	996 秒	27.7 小時	1.27×10^{2559} 年

▲ 上圖是使用每秒只能執行 10 次操作的超慢電腦所推估的執行時間。例如，陣列大小 n=10，運算次數 $\log_2 10 \approx 3.3$，除以運算速度 10 次／秒 ≈ 0.3 秒。

　　上圖是以每秒執行 10 次操作的超慢電腦所推估的執行時間，圖中的數值並不是精確值，只是要幫助你理解不同演算法的執行時間差異。一般我們實際使用的電腦，其執行速度遠遠超過 10 次操作。

上圖每個執行時間都有對應的演算法。例如第 2 章學過的選擇排序法 (Selection Sort)，其執行時間是 O(n²)，實在是很慢的演算法啊！

快速排序法是比較特別的演算法，在「最差情況 (worst case)」下，執行時間是 O(n²)，這就跟選擇排序法 (Selection Sort) 一樣慢。在「平均情況 (average case)」下，快速排序法的執行時間為 O(n log n)。

此外，還有一種排序演算法叫做**合併排序法** (Merge Sort)，請參考底下的「小編補充」，它的執行時間不論是在「最差的情況 (worst case)」還是「平均情況 (average case)」都是 O(n log n)。看完這裡的描述，你可能會產生兩個疑問：

● 這裡指的「最差情況 (worst case)」和「平均情況 (average case)」是什麼意思？

● 如果快速排序法在「平均情況」下的執行時間為 O(n log n)，而合併排序法不論在何種情況都是 O(n log n)，為什麼不用合併排序法就好了呢？它不會比較快嗎？

別擔心！關於這些疑問我們稍後就會做說明。

小編補充 合併排序法 (Merge Sort)

合併排序法可分成「分割」及「合併」兩個階段。「分割」是指將想要排序的大陣列先對半分割成兩個小陣列，再分別將兩個小陣列對半分割，重複同樣的操作，直到每個小陣列都只剩下一個元素。完成「分割」後，接著要「合併」各組陣列，將只剩下一個元素的兩個小陣列進行排序並合併在一起，重複同樣的操作，直到將全部的陣列組合成一個完成排序的陣列。

看到這裡，相信你還是不太了解合併排序法的運作，我們用一個含有 5 個元素的陣列來說明合併排序法的運作過程，看完圖解就很容易理解了！

▼接下頁

▌時間常數 (time constant) 的影響

先前提到快速排序法在「平均情況」下的執行時間為 O(n log n)，而合併排序法不論在何種情況都是 O(n log n)，為什麼不用合併排序法就好了呢？在此用簡單的函式來說明。底下的函式可輸出 list 中的每個元素：

▶ FileName：Python\Ch04\03_time_constant_a.py

```python
def print_items(mylist):
    for item in mylist:
     print(item, end=' ')

a = [2, 4, 6, 8, 10]
print_items(a)
```

上面這個函式會遍尋 list 中的每個元素並將其列印出來。因為每個元素都會被查找一次，所以這個函式的執行時間是 O(n)。如果我們修改這個函式，故意讓它在列印每個元素前先休眠 (停頓) 1 秒：

▶ FileName：Python\Ch04\03_time_constant_b.py

```python
from time import sleep
def print_items2(mylist):
    for item in mylist:
        sleep(1)
        print(item, end=' ')

a = [2, 4, 6, 8, 10]
print_items2(a)
```

上面這個函式，會在印出每個元素前，先停頓一秒。

從右頁的示意圖，你可以清楚看出分別用這兩個函式印出 list 中的 5 個元素有何差異。

```
┌─┬─┬─┬─┬──┐
│2│4│6│8│10│
└─┴─┴─┴─┴──┘
   ↓
print_items: 2 4 6 8 10

print_items2: <sleep> 2 <sleep> 4 <sleep> 6 <sleep> 8 <sleep> 10
```

剛才兩個函式都會存取 list 中的每個元素一次，所以執行時間都是 O(n)。你覺得在實際應用時，哪一個函式比較快？我認為 print_items 會比較快，因為不用在列印每個元素前等待 1 秒。這就是為什麼，雖然兩個函式的 Big O 執行時間都一樣，但是 print_items 在實際應用時比較快。

雖然兩個函式的執行時間都是 O(n)，但還要考慮「時間常數 (time constant)」的影響。下圖的 C 就是一個**常數** (constant)，代表演算法所需耗費的固定時間量 (Amount of Time)，例如：sleep(1) 固定會耗掉 1 秒。

固定時間量
(例如：1秒)　→ C * n

假設剛才第一個函式的 print_item 其固定執行時間為「10 毫秒 * n」，也就是說印出一個元素要花 10 毫秒，**印出 5 個元素共要花 50 毫秒**；第二個函式的 print_items2 其固定執行時間為「1 秒 * n」，印出一個元素要花 1 秒，**印出 5 個元素共要花 5 秒**。

一般而言，時間常數會被忽略，因為當兩個演算法的 Big O 執行時間不一樣，那麼時間常數的影響就不大。以二元搜尋法 (Binary Search) 和簡易搜尋法 (Simple Search) 為例，假設兩個演算法的時間常數如下：

$$\frac{10 \text{ 毫秒} * n}{\text{簡易搜尋法}} \qquad \frac{1 \text{ 秒} * \log n}{\text{二元搜尋法}}$$

你可能會想：「簡易搜尋法的常數為 10 毫秒，而二元搜尋法的常數為 1 秒，所以簡易搜尋法比較快！」。但是如果要搜尋的陣列有 40 億個元素，請看看它們的執行時間。

簡易搜尋法 | $10 毫秒 * 40 億 = 463 天$
（編註：$0.01 * 4,000,000,000/60/60/24$）

二元搜尋法 | $1 秒 * 32 = 32 秒$
（編註：$\log_2 4,000,000,000 = 32$）

二元搜尋法的執行速度為 O log(n)，而 log(40 億)=32，所以還是快很多，該常數項根本不造成影響。

但有時候，常數是有影響力的。就像快速排序法和合併排序法就是一個例子。快速排序法的常數比合併排序法小。所以如果兩個演算法的執行時間都是 O(n log n)，那麼快速排序法比較快。快速排序法在實際應用中也比較快，因為平均情況發生的機率比最差情況要高出許多。

你現在可能會好奇，平均情況和最差情況到底是什麼？

▍平均情況與最差情況

快速排序法的執行時間主要取決於所選定的基準值。如果每次都選擇第一個元素當作基準值，並且用快速排序法來排序一個已經排序過的陣列，快速排序法並不會先檢查這個陣列是否已經排序過，所以它還是會再次排序。

請注意，上圖我們並沒有將陣列做對半分割，而是讓其中一個子陣列變成空的。這會使得呼叫堆疊變很高。但如果每次都選擇用中間的元素當作基準值，再來看看呼叫堆疊會如何變化。

範例 2：最佳情況

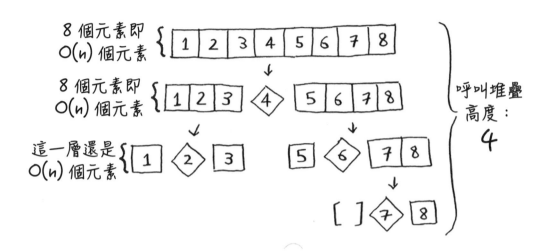

堆疊的高度下降很多！這是因為我們每次都將陣列對分成一半，所以就不需要遞迴呼叫這麼多次了。能夠愈快進入 Base Case，呼叫堆疊的高度就會愈低。

上述的**範例 1** 是「最差情況」，**範例 2** 是「最佳情況」。最差情況的堆疊高度是 O(n)。最佳情況的堆疊高度是 O(log n)。只要每次都選擇隨機元素當作「基準值」，就可以得到最佳情況，請繼續往下看，以找出原因。

我們從下圖的第一層堆疊選了一個元素當作基準值，並將剩下的元素分到子陣列中。陣列中的 8 個元素都被存取過一次，所以第一次操作的執行時間為 O(n)。在這層呼叫堆疊中，我們存取了 8 個元素。事實上，我們在呼叫堆疊中的每一層都要存取 O(n) 個元素。

就算我們用不同的方式分割陣列，每次都還是會存取 O(n) 個元素。

所以每一層都得耗時 O(n) 的執行時間才能完成分割。

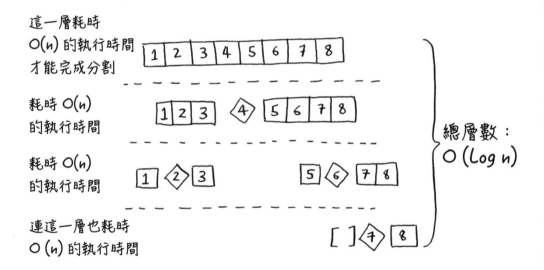

上圖共有 O(log n) 層（專業用語是：呼叫堆疊的高度為 O(log n)），每一層的執行時間為 O(n)，所以這個演算法的完整執行時間為：O(n) * O(log n) = O (n log n)。以上這就是最佳情況。

在最差情況下，共有 O(n) 層，所以這個演算法的執行時間為：
O(n) * O(n) = O (n^2)。

事實上，最佳情況就是平均情況，沒想到吧！如果每次都從陣列中隨機挑選任一個元素作為基準值，那麼快速排序法的平均執行時間是 O (n log n)！快速排序法是最快的排序演算法之一，同時也是 D&C 的絕佳範例。

練習 請以 Big O notation 描述以下各項操作會耗費多久的時間。

4.5 印出陣列內的所有元素。

4.6 將陣列內所有元素的數值加倍。

4.7 只將陣列內第 1 個元素的數值加倍。

4.8 用陣列內的所有元素組成乘法表。如果陣列為 [2, 3, 7, 8, 10]，那麼你必須將所有元素先乘以 2，再乘以 3，然後乘以 7，依此類推。

	2	3	7	8	10
2	4	6	14	16	20
3	6	9	21	24	30
7	14	21	49	56	70
8	16	24	56	64	80
10	20	30	70	80	100

4-4 本章摘要

✓ Divide-and-Conquer(D&C) 的精髓在於：將一個問題分解成越來越小
   的問題。使用 Divide-and-Conquer 處理陣列時，Base Case 就是一個
   空陣列或是單一元素的陣列。

✓ 使用快速排序法時，需隨機選取一個元素作為基準值。快速排序法的
   平均執行時間為 O(n log n)！

✓ Big O notation 的常數在某些情況下是有意義的，這也就是為什麼快
   速排序法比合併排序法還要快。

✓ 對於簡易搜尋法和二元搜尋法而言，常數沒有實質的影響，因為當陣
   列很龐大時，O(log n) 比 O(n) 快太多了。

雜湊表 (Hash table)

5 chapter

本章重點：

- 本章將介紹**雜湊表** (Hash table)，這是非常實用的資料結構。雜湊表的用途很廣，本章以最常見的應用為主。

- 瞭解雜湊表的核心：實作 (implementation)、碰撞 (collision) 和雜湊函式 (Hash Function)，將有助於你分析雜湊表的執行效能。

假設你在雜貨店工作，當顧客來買東西時，你得從價目表查詢商品的價格才能結帳。如果價目表沒有事先排序，就得花時間逐項瀏覽，才能找到顧客要買的商品價格。像這樣一項一項地查價就是「簡易搜尋法」，還記得這會花多少時間嗎？答案是 O(n) 時間。如果價目表已經排序過，就可以用「二元搜尋法」找出商品的價格，而且只要 O(log n) 的執行時間。

別忘了，O(n) 與 O(log n) 的執行時間差很多！假設每 1 秒可以查找 10 項商品價格（即執行速度為 1 秒查找 10 次），簡易搜尋法和二元搜尋法的執行時間如下。

價目表中的商品個數	O(n)	O(log n)	
100	10 秒	1 秒	← $Log_2 100$ 查找 7 次
1000	1.66 分鐘	1 秒	← $Log_2 1000$ 查找 10 次
10000	16.6 分鐘	2 秒	↖ $Log_2 10000$ 查找 14 次

※　**編註：**上圖 O(n) 的算法是：「商品個數」除以「每 1 秒可查找 10 項商品」，超過 60 秒換算成分鐘；而 O(log n) 的算法是：先用「$\log_2$ 商品個數」算出需查找的次數，再除以查找速度 (即每 1 秒可查找 10 項商品)。由於 Big O 是採**數量級** (Order of Magnitude) 估算運算次數或執行時間，假設 $\log_2$ n (商品數量為 100)，執行時間是 1 秒，當商品數量 (n) 為 10000 時，其執行時間即為 2 秒 ($\log_2 10000 = 2\log 100$)。

　　雖然二元搜尋法的執行速度非常快，但是對收銀員而言，即使價目表已經做好排序，每次都要查詢價格還是很累人，而且查找時顧客也會等得不耐煩。收銀員需要的是一位已經將品名和價格背起來，而且能隨問隨答的夥伴。這樣就不需要再查價了。

　　不論價目表中有多少個品項，好夥伴 Maggie 都能在 O(1) 的執行時間內告訴你任一個品項的價格。速度甚至比二元搜尋法還快 (編註：O(1) 就是執行時間和 n 無關，不會隨著 n 變大而增加)。

價目表中的商品個數	簡易搜尋法 O(n)	二元搜尋法 O(log n)	Maggie O(1)
100	10 秒	1 秒	瞬間
1000	1.66 分鐘	1 秒	瞬間
10000	16.6 分鐘	2 秒	瞬間

這麼棒的夥伴要去哪裡找呢？

我們複習一下先前介紹過的**陣列**和**串列**這兩種資料結構，在此把價目表當作陣列來看。

陣列內的每個元素其實有兩項，一個是商品名稱，另一個是價格。如果用商品名稱來排序，就能用二元搜尋法找出特定商品的價格了，而且搜尋時間是 O(log n)。但是我們希望能在 O(1) 的時間內找出價格。換句話說，我們需要打造一個「Maggie」，要如何打造呢？這就是 Hash Function（雜湊函式）派上用場的時候了。

5-1 雜湊函式 (Hash Function) 與雜湊表 (Hash Table)

雜湊函式 (Hash Function)

雜湊函式 (Hash Function) 是一種將輸入的字串（這裡所指的字串是指以連續位元組 (byte) 表示的任何類型資料）輸出成數字的函式。

...依此類推...

以技術用語來說就是**雜湊函式會將字串對應到數字**。你可能會認為輸入的字串和回傳的數字沒有任何關聯，其實雜湊函式有一定的規則存在：

● **必須有一致性**。例如，輸入 "apple" 後得到 3 這個數字。那麼每次輸入 "apple" 時，也都應該得到 3。否則雜湊函式就不會運作。

● **不同的字串要對應到不同的數字**。例如，不論輸入什麼字串，雜湊函式都只會回傳 1，那這個雜湊函式就沒什麼意義。在最佳情況下，一個字串只會對應到一個數字。

所以，雜湊函式的作用就是將字串對應到數字，這樣有什麼好處呢？好處就是可以幫你打造一個「Maggie」！

▌經由雜湊函式將資料存入陣列

Step 1 首先，建立一個可存放 5 個元素的空陣列：

Step 2 將所有價格存到這個空陣列內。例如存入 APPLE（蘋果）的價格。將「APPLE」送進 (feed) 雜湊函式時會回傳 3。

Step 3 依雜湊函式回傳的值，將 APPLE 的價格存入陣列中的索引 3。

Step 4 將「MILK」(牛奶) 送進 (feed) 雜湊函式,其回傳結果為 0。

Step 5 依雜湊函式回傳的值,將「MILK」的價格存入陣列中的索引 0。

MILK   APPLE

1.49			0.67	

Ø   1   2   3   4

Step 6 重複上述步驟,直到在陣列中存放所有產品的價格。

1.49	0.79	2.49	0.67	1.49

    當你想知道「AVOCADO」(酪梨) 多少錢時,不必辛苦地搜尋陣列,只要在雜湊函式中輸入「AVOCADO」,雜湊函式就會回覆你,價格放在索引 4 的位置。

▲ 恭喜你!成功打造了一個「Maggie」!

剛才的雜湊函式可以準確地告訴你存放「價格」的正確位置，因此你完全不用自己搜尋。其運作原理如下：

● 雜湊函式會始終將一個特定的名稱對應到相同的索引。每次輸入「AVOCADO」(酪梨)，就會回傳同樣的數字。因此，先用雜湊函式找出「AVOCADO」的價格存在哪個位置，再用取得的位置找出價格。

● 雜湊函式會將不同的字串對應到不同的索引。例如，「AVOCADO」對應到索引 4。「MILK」對應到索引 0。所有品項都有各自對應存放價格的陣列索引。

● 雜湊函式知道陣列的大小，所以只會回傳符合陣列大小的索引值。如果陣列有 5 個元素，雜湊函式不會回傳 100，因為 100 不是陣列的有效索引值！

※ **編註**：雜湊函式 (Hash Function) 是一個函數，它必須和資料結構 (例如上例的陣列) 搭配，才能用來存放或查找資料。請見以下內容。

▌雜湊表 (Hash Table)

當我們將雜湊函式與陣列組合在一起，就會得到一個**雜湊表** (Hash Table) 資料結構。雜湊表是本書第一個介紹內含邏輯概念的資料結構。陣列和串列會直接對應到記憶體位址，但是雜湊表更聰明，它會巧妙地使用雜湊函式來指定元素的存放位置。

雜湊表又稱為**雜湊地圖** (hash map)、**地圖** (map)、**字典** (dictionary) 或**關聯式陣列** (Associative Array)，是很實用的複雜資料結構。雜湊表的處理速度非常快，還記得第 2 章學過的陣列和鏈結串列嗎？陣列中的元素可以立即被讀取。而雜湊表正是使用陣列來存放資料，所以它們是最佳的組合。

小編補充 為什麼陣列的讀取速度很快呢？

很多書都講陣列元素可以立即被讀取，速度非常快，但是都沒講為什麼？

首先，我們要知道陣列元素的長度是固定的，例如每個元素佔 4 Bytes 的記憶體單位，經由索引 (index) 我們就可算出第 n 個元素所在的記憶體位置（以下簡稱位置）。例如，陣列 A 是從記憶體位置 K 開始存放資料，每個元素佔 4 Bytes，所以第 0 個元素的位置是 K，第 1 個元素位置是 K ＋ 4，第 n 個元素位置是 K ＋ 4n。

由上表可觀察到用索引 n 查找元素位置的過程都是用一次加法和一次乘法，基本上完全和 n 無關，也就是用陣列索引查找陣列的位置時，其運算次數（亦即運算時間）是固定的（以本例來講就 2 次），不會因為項目 n 變大而變多！所以我們說**「用索引查找陣列元素的位置」**是 $O(1)$，其中的 1 是用來表示和 n 無關。

真會如此完美？

所謂的**完美雜湊函式** (perfect hash function) 就是能將各項一對一地完美映射到陣列各索引的**雜湊函式**：

▼接下頁

這些映射看似一個蘿蔔一個坑，實際上可能不會恰好「一對一」，也許有幾項會指向同一個索引，而有些索引反而無對應的項目。

雜湊函式

5-3 節會討論這種「碰撞」（collision）情形。現在只要知道，**雜湊表**很好用，但實務上很少能完美地「一個蘿蔔一個坑」。順帶一提，這種一對一映射又稱為**單射函數**（Injective Function）。

空的！

建立雜湊表

你可能永遠都不需要自己實作雜湊表，因為好的程式語言通常都會內建雜湊表。例如，Python 內建的雜湊表叫做 **dict**（字典）。你可以用 dict 這個函式建立新的雜湊表：

▶ FileName：Python\Ch05\01_price_of_groceries_a.py

```
>>> book = {}
```

▲ 空的雜湊表

編註 1：只要一行 book={ }，Python 就用它內建的雜湊函式幫你把
雜湊表建好了，這時 book 就是一個完整的空雜湊表了！
編註 2：此處的雜湊函式就是雜湊函式的 Python 實作。

book 是一個新的雜湊表，請將一些商品價格存到 book 裡：

```
>>> book["apple"] = 0.67      ◄── 蘋果的價格是 0.67 美元    將資料填入剛
>>> book["milk"] = 1.49       ◄── 牛奶的價格是 1.49 美元    剛建立的 book
>>> book["avocado"] = 1.49    ◄── 酪梨的價格是 1.49 美元    雜湊表裡頭
>>> print(book)               ◄── 印出雜湊表內容
```

執行結果

```
{'apple': 0.67, 'milk': 1.49, 'avocado': 1.49}
```

建立含有商品名稱及
價格的雜湊表

※ 編註：在 Python 中雜湊表有更簡潔的寫法，您可以開啟
Python\Ch05\01_price_of_groceries_b.py 來瀏覽。

簡單吧！我們來查看看 AVOCADO（酪梨）的價格是多少：

```
>>> print(book ["avocado"])
```

執行結果

```
1.49   ←  查到 AVOCADO (酪梨) 的價格了
```

請記住！雜湊表有**鍵** (key) 和**值** (value) 之分。book 雜湊表的品名為「鍵」，價格為「值」。雜湊表會將「鍵」對應到「值」。

小編補充 為什麼雜湊表是 O(1) 時間？

記得我們講雜湊表是為了建立一個搜尋速度為 O(1) 的 Maggie！而雜湊表是由「雜湊函式 + 陣列」所構成的，當我們將 keys 交給雜湊函式時，它會經由數學公式（和 n 無關）去算出一個索引值，這個計算所花的時間和 n 無關，所以是 O(1)，而用算出來的索引值去找陣列元素所花的時間也是 O(1)，所以雜湊表就是 O(1) 的 Maggie！

下一節將以實例說明雜湊表的應用。

練習

雜湊函式必須始終依照相同的輸入回傳對應的輸出，每次的結果都必須一致。如果結果不一致，就會找不到原先存放在雜湊表裡的元素。

下列哪些雜湊函式的輸入與輸出都是一致的？

5.1 f(x) = 1 ← 無論傳入什麼，結果都是「1」

5.2 f(x) = random.random() ← 每次都回傳隨機的值

5.3 f(x) = next_empty_slot () ← 回傳雜湊表下一個空儲存槽的索引值

5.4 f(x) = len(x) ← 以字串的長度當作索引值

5-2 雜湊表的應用範例

雜湊表的應用很廣泛，本節將介紹 3 個範例。例如用雜湊表來查詢電話、避免重複投票以及建立快取或記錄資料。

▌範例 1：用雜湊表建立有對應關係的查詢功能

手機都有內建電話簿功能，每個聯絡人姓名都有對應的電話號碼。

BADE MAMA → 581 660 9820

ALEX MANNING → 484 234 4680

JANE MARIN → 415 567 3579

如果要建立如上圖的電話簿，你需要將人名對應到電話號碼並提供以下功能：

● 新增聯絡人姓名及電話號碼。

● 輸入聯絡人姓名時，要顯示對應的電話號碼。

像這樣的需求最適合使用雜湊表了，因為雜湊表非常適合：

● 將某個元素對應到另一個元素。

● 查詢指定的元素。

建立電話簿雜湊表

Step 1 　建立電話簿非常簡單，請先建立一個新的雜湊表：

▶ FileName：Python\Ch05\02_phone_book.py

```
>>> phone_book = {}
```

Step 2 　將幾位聯絡人的姓名及電話，新增到電話簿裡 (如下圖)：

```
>>> phone_book["JENNY"] = 8675309
>>> phone_book["EMERGENCY"] = 911
```

用雜湊表實作的電話簿

用雜湊表打造電話簿就是這麼簡單！

如果想找 Jenny 的電話號碼。只要將「鍵」傳給雜湊表：

```
>>> print(phone_book["JENNY"]) ◀── 要查詢 JENNY 的電話
```

執行結果

```
8675309 ◀── 查到 JENNY 的電話號碼了
```

想想看！如果使用陣列來建立電話簿，該怎麼做呢？

若使用陣列，必須知道要搜尋的目標存放在哪個索引位置，否則只能逐一檢查每個元素直到找到搜尋目標。相對地，若要在元素與元素之間建立對應關係，雜湊表是最簡便的方法。

※ **編註：**所以雜湊函式和陣列是最佳搭檔，缺了雜湊函式就無法算出 key 所對應的索引，沒有索引，陣列就無用武之處了！

DNS 解析 － 將網址轉換成對應的 IP 位址

雜湊表也能處理更大範圍的搜尋。例如，連到 http://adit.io 這個網站時，電腦必須將 adit.io 轉換成一組 IP 位址。

$$ADIT.IO \rightarrow 173.255.248.55$$

不論是連到哪個網站，都得將網址轉換成 IP 位址。

$$GOOGLE.COM \rightarrow 74.125.239.133$$
$$FACEBOOK.COM \rightarrow 173.252.120.6$$
$$SCRIBD.COM \rightarrow 23.235.47.175$$

將網址對應到 IP 位址，這個過程稱為 **DNS 解析** (DNS Resolution)，雜湊表是能達成此功能的一種方式。電腦裡有一個 **DNS 快取** (DNS cache)，它會自動儲存你最近連結過的網站映射，建立 DNS 快取的最佳方法就是使用**雜湊表**。

> **小編補充** DNS 解析 (DNS Resolution) 是什麼？
>
> 簡單地說，在進行網路通訊時，是透過 TCP/IP 協定來溝通，電腦只能識別「74.125.239.133」這樣的 IP 位址，而不認得「adit.io」這種形式的網域名稱。
>
> 當我們在瀏覽器的**網址列**輸入網址後，能看到所要的頁面，是因為有個 **DNS (Domain Name System) 伺服器**會自動幫我們把網域名稱「翻譯」成對應的 IP 位址，再找出這個 IP 位址所對應的網頁，呈現到瀏覽器上。也就是說，我們能用雜湊表由「adit.io」快速地查到對應的 IP 位址。

▌範例 2：檢查是否有重複的項目

假設你是投票所的監票人員，每位投票人只能投一次，要如何確認投票人是否投過票了呢？你可以建立一份已投票名冊，當有人進來投票時，詢問他們的名字，並與已投票名冊做比對。

如果投票人的名字出現在已投票名冊中，就表示已經投過票了，不准再投！如果名字不在名冊裡，就可以進去投票並將名字加到已投票名冊中。假設已投票的人非常多，而已投票名冊也已經登記了一長串的名字：

每當有人進來投票時，都要逐一比對這個超長的投票名冊，確認投票人是否投過票。像這樣的狀況，何不試試更有效率的雜湊表！

首先，建立一個雜湊表記錄已經投過票的人：

```
>>> voted = {}
```

每當有人進來投票時，就檢查該投票人是否已經在雜湊表裡面：

```
>>> value = "tom" in voted
```

如果「tom」在雜湊表中，則值為 True，否則為 False。我們可以用以下的回傳結果確認投票人是否已經投過票了：

驗證投票人的程式碼如下：

▶ FileName：Python\Ch05\03_check_voter.py

```
voted = {}

def check_voter(name) :
    if name in voted :
        print("請他離開！")
    else:
        voted[name] = True    ◀── 建立字典元素 name:True
        print("讓他投票！")
```

我們來測試一下：

```
>>> check_voter ("tom")
讓他投票！
>>> check_voter ("mike")
讓他投票！
>>> check_voter ("mike")
請他離開！
```

※ **編註**：這個程式是假設任何人都可以進來投票，否則必須先建立一個該投票所的投票人
名冊來加以核對，以免非該投票所的人也跑來投票了！

　　tom 第一次進入投票所，雜湊表會顯示「讓他投票！」，接下來換
mike 進去時，會顯示「讓他投票！」，如果 mike 再次進來投票，就會顯
示「請他離開！」。

　　請注意！如果將投過票的人名存到名冊中，這個函式最後會變得非常
緩慢，因為每次搜尋都要對整個名冊做簡易搜尋。但若將這些名字存放到
雜湊表內，就能立即回應這個名字是否存在雜湊表內。用雜湊表就能快速
檢查是否有重複的項目。

▌範例 3：用雜湊表處理快取 (cache)

　　我們再舉一個雜湊的應用，那就是用來處理**快取** (cache)。如果你有網站開發的經驗，應該聽說過快取的好用之處。其原理是這樣的，在此以瀏覽 facebook.com 為例：

1. 首先向 facebook 的伺服器請求 (request)
   進入。

2. 伺服器會進行一些處理，再將網頁回傳
   給你。

3. 顯示網頁。

　　當我們登入 facebook 時，facebook 的伺服器會集結並顯示你所有朋友的動態，集結並顯示這些動態必須耗費數秒時間來完成。但是對使用者來說，數秒的時間就有如數年這麼久，甚至會抱怨「facebook 怎麼這麼慢？」。事實上，facebook 的伺服器必須服務上百萬個使用者，而數秒鐘的時間就是服務這麼多人的時間。facebook 的伺服器要非常努力處理才能回應所有請求。請想想看！有什麼方法可以提升 facebook 的伺服器速度同時又能減輕伺服器的負荷呢？

　　為了回答上述問題，再舉一個簡單的例子方便你理解。假設年幼的姪女，經常問有關行星的各種問題。像是「地球離火星多遠？」、「月球離地球多遠？」、「木星離我們有多遠？」，每當她提問，你都得連上 Google 找答案，每次搜尋都得花幾分鐘時間。如果她常常問「月球離地球多遠？」，由於你已經查詢過多次，所以記住答案了，可以馬上告訴她月球跟地球的距離大約是 384,400 公里，而不用再透過 Google 查詢。像這樣「記憶與回答」的過程就是**快取** (cache) 的運作原理。

　　當你登入 facebook 後，所有顯示的內容都是為你量身打造的。每次進入 facebook 時，伺服器都必須先思考你有興趣的內容是什麼，如果你尚未登入 facebook，只能看到登入頁面 (也就是 facebook 的首頁)，所有使用者看到的登入頁面都一樣。facebook 會一直收到一樣的請求：「當我登出時，請給我首頁畫面」。所以 facebook 不會讓伺服器一直做運算並提供首頁畫面，而是記住首頁畫面，以便隨時呈現給使用者。

以上所述就是**快取** (cache) 的運作。快取有以下兩個優點：

● 可以更快載入網頁。就像已經將「月球與地球的距離」背起來一樣。當姪女再次問你時，不用連上 Google 搜尋就能立刻回答了。

● 減輕 facebook 的工作量。

快取是提升速度的常用方法，所有大型網站都使用快取，而且是從雜湊快取資料。

facebook 不只快取首頁 (登入頁面)，還快取「關於」、「使用說明」、「使用條款」、「服務」、…等頁面，所以 facebook 需要建立網址與網頁資料的對應。

facebook.com/about → 「關於」頁面的資料

facebook.com → 「首頁」的資料

當你瀏覽 facebook 某個頁面時，facebook 會先檢查該頁面是否存在雜湊表內 (快取內)。

此程式的虛擬碼如下：

```
cache ={}

def get_page(url):
    if url in cache:
        return cache[url]    ←── 回傳快取資料
    else:
        data = get_data_from_server(url)
        cache[url] = data    ←── 先將資料存到快取內
        return data
```

　　如果網址不在快取裡，伺服器才需要工作。並且在回傳資料前務必先將資料存入快取內。當下次有人提出相同的網址請求時，就可以從快取直接送出資料，這樣就不用透過伺服器運作了。

小編補充 Coding Interview 要點：利用雜湊表解 Two Sum 問題

在此要介紹 Two Sum 這個題目，這是技術面試的經典考古題，最有效率的解題方式就是利用雜湊表。題目會要求從給定的數列中，挑出兩個數字相加後符合給定的答案，並回覆這兩個數字的位置 (索引值)。解法是一一取出數列中的數字，若有符合的另一個數字，利用雜湊表就可直接傳回，不用排序也不用從頭走訪。

```
def twoSum(nums, target):  ←── 給定的數列和答案
    hash_map = {}  ←── 建立一個空的雜湊表
    # 取出 nums 陣列中的每個元素
    for i, num in enumerate(nums):
        complement = target - num  ←── 計算符合答案的另一個數字
        if complement in hash_map:←── 如果需要的數字已經在雜湊表中
            return [hash_map[complement], i]  ←── 傳回兩個數字
                                                  的索引
        hash_map[num] = i  ←── 如果沒有找到，將當前數字
                               和它的索引加到雜湊表
```

相關細節可以到刷題網站上尋找「Two sum」，或是使用 **Bonus** 介紹的 GPT 刷題機器人，就可以得到解答。

雜湊表適合用在：

● 建立一個元素與另一個元素的對應關係。

● 篩選重複項目。

● 快取或記錄資訊，以減輕伺服器的工作量。

5-3 碰撞 (Collision)

由於大部分的程式語言都有內建雜湊表，使用者不需要自己撰寫，所以我們不深入探討雜湊表的實作細節，但是你得注意雜湊表的效能。雜湊表的效能和**碰撞** (Collision) 有關，本節先介紹碰撞，下一節再說明效能。

在介紹碰撞之前，我得先自首，我在前面的描述中說了一個善意的謊言。我說雜湊函式一定會將不同的鍵對應到陣列中的不同儲存槽 (slot)。

但事實上，要寫出這麼完美的雜湊函式幾乎是不可能的。舉個簡單的例子，假設陣列中有 26 個空儲存槽。

雜湊函式依照英文字母順序指定位置。

或許你已經看出問題了！如果將 APPLE (蘋果) 的價格存入雜湊表，需放入第 1 個指定的儲存槽。

接下來將 BANANA (香蕉) 的價格存入雜湊表，會被分配到第 2 個儲存槽。

目前為止一切順利，但是如果要將 AVOCADO（酪梨）的價格存入雜湊表。得要再次分配到第 1 個儲存槽。

不妙！蘋果已經佔用了第 1 個儲存槽！該怎麼辦呢？像這種兩個鍵被分配到同一個位置的情況就稱為**碰撞** (collision)。問題來了，如果將 AVOCADO（酪梨）的價格存入這個儲存槽，那麼原本 APPLE（蘋果）的價格就會被覆蓋。若是有人詢問 APPLE 的價格時，就會得到 AVOCADO 的價格。我們應該**避免碰撞的情形發生，最簡單的方法就是：建立鏈結串列** (linked list)。當有多個鍵對應到同一個儲存槽，就在這個儲存槽內建立一個鏈結串列。

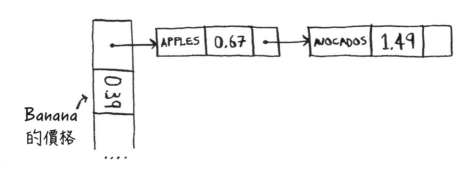

▲ 在第 1 個儲存槽建立鏈結串列 (linked list)

　　這個範例的 APPLE 和 AVOCADO 都被分配到同一個儲存槽。所以你必須在這個儲存槽內建立鏈結串列。若想知道 BANANA 的價格，搜尋速度不受影響，可以立刻得到答案，但若想知道 APPLE 的價格，就要稍等一下。因為必須搜尋鏈結串列才能找到 APPLE 的價格。如果鏈結串列中的元素不多，可能只要檢查 3、4 個元素，那問題就不大。但如果雜貨店內的商品全都是 A 開頭，就會變這樣：

　　你會發現整個雜湊表除了第一個儲存槽以外都是空的，而且第一個儲存槽存放了超長的鏈結串列。雜湊表的所有元素都在這個鏈結串列內，這樣不就和把所有東西都存入鏈結串列一樣嗎？這會讓雜湊表的速度變慢。

　　這個範例有兩個重點：

● **雜湊函式非常重要**。上例中，這個雜湊函式將所有的索引鍵都對應到同一個儲存槽了，這不是一個好的雜湊函式，理想的狀態是，雜湊函式會將索引鍵平均分配到雜湊表內。

● **鏈結串列太長會拖累雜湊表的效能**。但是如果有好的雜湊函式就可以避免鏈結串列過長的問題。

　　從以上的描述可得知雜湊函式很重要，好的雜湊函式幾乎不會發生碰撞的情形。那麼要如何評估好的雜湊函式呢？我們馬上會做介紹！

5-4 效能 (performance)

本章以雜貨店為例，說明如何建立一個能立即回覆商品價格的機制。雜湊表滿足了我們的需求，因為它速度非常快。

在平均情況下，雜湊表耗費的時間是 O(1)。O(1) 稱為**常數時間** (constant time)，常數時間不代表瞬間，而是指不論雜湊表有多大，取得任何一個元素的時間都是一樣的（編註：我們之前有解釋過了，O(1) 就是運算時間固定，不會隨 n 變大而變大）。我們來做個比較：

	平均情況	最差情況
搜尋	O(1)	O(n)
插入	O(1)	O(n)
刪除	O(1)	O(n)

▲ 雜湊表的效能

先前說過簡易搜尋法是**線性時間**（編註：因為是從頭開始一一檢查比對，所以正比於 n，也就是 O(n)）。

O(n)

線性時間（簡易搜尋法）

二元搜尋法比較快，是**對數時間**：

對數時間 (二元搜尋法)

雜湊表搜尋任一元素的時間為**常數時間**。

常數時間 (雜湊表)

　　從上圖可以發現，常數時間是一條水平線，也就是說不論雜湊表只有一個元素或是有上億個元素，搜尋雜湊表所花的時間都是一樣的。其實我們已經看過常數時間的範例，在第 2 章中從陣列搜尋元素所耗費的時間就是常數時間。不論陣列有多大，取出任何一個元素的時間都是一樣的。在平均情況下，雜湊表的速度的確非常快。

但是在最差情況下，雜湊表的執行時間是 O(n)，也就是線性時間，換句話說就是很慢。下表將雜湊表、陣列以及鏈結串列做比較。

	雜湊表 (平均情況)	雜湊表 (最差情況)	陣列	鏈結串列
搜尋	O(1)	O(n)	O(1)	O(n)
插入	O(1)	O(n)	O(n)	O(1)
刪除	O(1)	O(n)	O(n)	O(1)

首先來看看雜湊表的平均情況。雜湊表的搜尋時間和陣列的搜尋時間一樣快，因為都是用索引取值。而雜湊表的插入和刪除時間又和鏈結串列一樣快。但是在最差情況下，雜湊表不論是搜尋、插入或刪除都是最慢的。這就是為什麼我們要極力避免進入最差情況，避免最差情況的方法就是：不要讓雜湊表產生碰撞。請記住以下兩點：

● 確保低的負載係數 (Load Factor)。

● 選擇好的雜湊函式。

Note 接著將說明如何實作雜湊表，由於大多數的程式語言都已內建雜湊表，你只要直接使用就可以了，不需要自己動手撰寫。以下的內容只是讓你對雜湊表的實作有個概略性的瞭解，略過不讀也沒關係。

█ 負載係數 (Load Factor)

負載係數 (Load Factor) 是評估雜湊表是否滿載的重要指標，負載係數愈大就愈容易發生碰撞，因而會降低雜湊表的效能。

要計算雜湊表的**負載係數** (Load Factor) 很簡單，只要將「雜湊表的元素數量除以儲存槽的總數」就可以了。

雜湊表是用陣列來儲存元素，所以只要計算有多少儲存槽已被佔用。例如，下圖的雜湊表負載係數是 2/5，也就是 0.4。

下圖雜湊表的負載係數又是多少呢？

答案是：1/3。負載係數計算的是雜湊表還有多少空的儲存槽可用。

假設要在雜湊表中存放 100 個商品的價格，雜湊表需要 100 個儲存槽。理想的情況就是每個商品都有專屬的儲存槽。

上圖的雜湊表負載係數是 1 (100/100)。如果雜湊表只有 50 個儲存槽呢？那麼它的負載係數就是 2 (100/50)，由於儲存槽不夠，沒有辦法讓每個商品對應到專屬的儲存槽。負載係數大於 1 就表示要存入的元素數量大於陣列的空儲存槽數量。當負載係數開始增加時，就需要在雜湊表中增加儲存槽數量了。這個過程稱為**調整大小** (Resizing)。例如，下圖的雜湊表快要滿了：

這時你得調整雜湊表的大小。首先，建立一個較大的新陣列，最好是原本陣列的兩倍大。

接著，用雜湊函式將所有元素存到新的雜湊表：

負載係數 = 3/8

　　新雜湊表的負戴係數是 3/8。當負載係數越低（通常指小於 1），發生碰撞的機率就越低，同時也代表雜湊表的效能較好；依筆者的經驗，當負載係數大於 0.7 時，就應該重新調整雜湊表的大小。

　　你可能會覺得「調整大小會很耗時」。一點都沒錯，調整大小會很耗時，所以不要經常調整。不過整體來說，即使一邊調整大小一邊執行雜湊表，也只耗時 O(1) 時間。

▌良好的雜湊函式

　　良好的雜湊函式會將元素平均分配到陣列中。

不好的雜湊函式會將多個元素擺在一起，並產生許多碰撞。

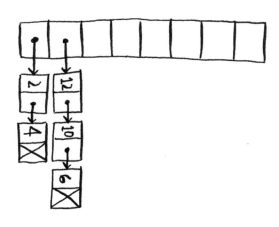

至於什麼樣的雜湊函式才算良好？你不用煩惱這個問題，如果你真的很好奇，可以搜尋 CityHash，這就是 Google 的 Abseil 函式庫所使用的**雜湊函式**。Abseil 是一個基於 Google 內部程式碼的 open source C++ 函式庫，提供各種通用的 C++ 函式，既然 Google 是以 Abseil 為基礎來打造程式碼，而 Abseil 又採用 CityHash，可見 CityHash 表現相當優秀，跟著 Google 走準沒錯。

練習　雜湊函式是否能平均分配元素，這點很重要。好的雜湊函式應該盡可能廣泛地分配元素。不好的雜湊函式會將所有元素都分配到雜湊表的同一個儲存槽。

假設以下四種雜湊函式都可以處理字串：

A. 不論輸入什麼，都回傳「1」。

B. 以字串的長度當作索引。

C. 以字串的第一個字母當作索引。意思是第一個字母為 a 開頭的所有字串都會被存到同一個儲存槽，依此類推。

D. 將每個字母對應到一個質數，例如：a=2、b=3、c=5、d=7、e=11，依此類推。字串的雜湊函式是「用對應的數字加總除以雜湊表的長度後所得的餘數」作為索引。例如，雜湊表長度為 10，字串為「bag」，其索引就是 (3+2+17)%10 = 22%10 =2。

※　**編註：**在 Python 中 % 是**求餘數** (remainder) 的運算符號。

▼接下頁

請問下列的 3 個範例，使用上述的哪些雜湊函式可以得到最好的分配（複選）？雜湊表的預設大小為 10。

5.5　以電話簿裡的姓名為「鍵」，電話號碼為「值」。姓名分別為：Esther、Ben、Bob 和 Dan。

5.6　將電池大小對應到電量。電池大小分別為：A、AA、AAA 和 AAAA。

5.7　將書名對應到作者。書名分別為：Maus、Fun Home 和 Watchmen。

5-5　本章摘要

　　一般人幾乎不需要自己實作雜湊表，多數程式語言都已經內建雜湊函式了。例如，使用 Python 的雜湊函式，並預期它的效能就是常數時間 O(1)。

　　雜湊表是功能很強大的資料結構，不僅速度快而且提供彈性的資料對應方法。我們將雜湊表的重點整理如下：

✓ 雜湊表就是將雜湊函式與陣列結合在一起的產物。

✓ 碰撞是不好的。好的雜湊函式能將碰撞的機率降到最低。

✓ 雜湊表在搜尋、插入和刪除的速度都非常快（指平均情況下）。

✓ 雜湊表擅長建立一個元素與另一個元素的對應關係。

✓ 依筆者的經驗，當雜湊表的負載係數大於 0.7 時，就應該調整大小。

✓ 雜湊表可用來處理快取資料（例如，網頁伺服器的快取資料就是用雜湊表實作）。

✓ 雜湊表可用來判斷是否有重複項目。

廣度優先搜尋 (Breadth-First Search)

6
chapter

本章重點：

- 學習使用**圖形**（graph）這個抽象的資料結構建立網路模型 (network model)。

- 學習**廣度優先搜尋法** (Breadth-First Search)，你可以在圖形上利用這個演算法找出「抵達某個目的地的最短路徑」。

- 認識**有向圖** (Directed Graph) 和**無向圖** (Undirected Graph)。

- 學習**拓樸排序** (Topological Sort)，這是能夠找出節點之間相依關係的演算法。

本章先帶你認識**圖形** (graph)，接著再介紹本書第一個圖形演算法：**廣度優先搜尋** (Breadth-First Search，BFS)。廣度優先搜尋法可以找出兩點之間的最短距離，不過最短距離的定義很廣，我們可以用廣度優先搜尋來：

● 撰寫拼字檢查程式 (用最少的訂正次數修正錯誤的字，例如，READED → READER 就是一次的修訂)。

● 從朋友圈中找出離你最近的醫生。

● 建立一個搜尋引擎爬蟲。

圖形演算法是我所知道的演算法中，堪稱最實用的演算法之一。請務必詳讀接下來的內容，因為這些都是之後會一再用到的演算法。

6-1 認識「圖形」

提到**圖形** (graph)，可能有人會想到與數學的 x、y 軸有關，或是聯想到長條圖、圓餅圖等。不過這裡要介紹的圖形是指一組含有**節點** (node) 以及**邊** (edge) 所組成的模型。例如，幾位朋友一起玩撲克牌，為了避免遊戲結束後搞不清楚誰欠誰錢，就可以在遊戲進行時畫個欠錢的關係圖。如下圖所示，「ALEX 欠 RAMA 錢」。

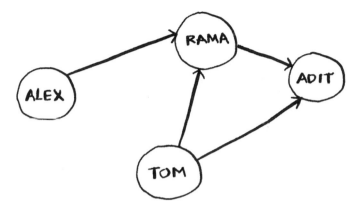

遊戲結束後，
畫完的圖形可能像
這樣。

▲ 玩撲克牌遊戲互相欠錢的關係圖

從上圖可以清楚看出 ALEX 欠
RAMA 錢、TOM 欠 ADIT 錢等
等。每個圖形都是由**節點** (node) 與
邊 (edge) 所組成的。

圖形的概念就是這麼簡單！圖形由節點與邊組成，一個節點可能直接
與多個節點相連，這些相鄰的節點又分為**內鄰** (in-neighbor) 或**外鄰** (out-
neighbor)。以這個例子而言，Alex 指向 Rama，代表 Alex 是 Rama 的
內鄰，Rama 則是 Alex 的**外鄰**。要釐清這些專有名詞，看下圖會更清楚：

在上圖中，Adit 不是 Alex 的**內鄰**或**外鄰**，因為他們沒有直接連接，
但 Adit 是 Rama 和 Tom 的**外鄰**。圖形可以將不同物件之間的關係表現
出來。

6-2 最短路徑問題 (Shortest-Path Problem)

　　假如要從舊金山的雙峰 (Twin peaks) 前往金門大橋 (Golden Gate Bridge)。你想搭公車並用最少的轉乘次數抵達目的地。那麼有以下幾種選擇。

用什麼演算法可以找出最短距離呢？

有沒有方法能夠用一個步驟就抵達目的地呢？用一個步驟能抵達的地
方如下（標示「亮燈」的符號）：

金門大橋未標示「亮燈」符號，所以沒辦法一步就抵達。那麼可以用
兩個步驟抵達嗎？

金門大橋還是未標示「亮燈」，所以用兩個步驟也無法抵達目的地。
那麼三個步驟可以嗎？

金門大橋標示「亮燈」符號了。表示用三個步驟就能從雙峰抵達金門大橋。

雖然從雙峰到金門大橋還有其他路線可走，但是都太遠了（要 4 個步驟），演算法找到的最短路徑是 3 個步驟的路徑。像這類問題稱為**最短路徑問題** (Shortest-Path Problem)。其實，我們經常在尋找最短路徑，這個路徑可能是去朋友家的最短路徑，或是你正在瀏覽網頁。在你不知情的情況下，網路正在尋找你的電腦與網站伺服器之間的最短路徑。能夠解決最短路徑問題的演算法就是**廣度優先搜尋法** (Breadth-First Search)。

要找出雙峰到金門大橋的最短路徑，只需要兩個步驟：

1.   將問題圖形化。

2.   **用廣度優先搜尋法**解決問題。

接下來，我們將說明廣度優先搜尋法是如何運作的！

6-3 廣度優先搜尋 (Breadth-First Search)

廣度優先搜尋法 (Breadth-First Search) 是一個運用圖形的演算法。這種演算法能解決兩類問題：

● 第 1 類問題：節點 A 與節點 B 之間是否有路徑存在？

● 第 2 類問題：從節點 A 到節點 B 的最短路徑為何？

剛才討論從舊金山雙峰到金門大橋的最短路徑時，已經初步認識了廣度優先搜尋法。此範例所找的「最短路徑」是屬於第 2 類問題。接著，我們用底下的例子說明廣度優先搜尋能解決的第 1 類問題：「路徑是否存在」。

▌兩個節點間是否有路徑存在

假設你有個芒果園，你正在尋找可以幫忙賣芒果的賣家。Facebook 上有賣家嗎？先從 Facebook 上的朋友名單找看看。

這種搜尋過程很直接！首先列出要搜尋的朋友名單。

逐一檢查朋友名單內是否有人賣芒果。

如果朋友中沒有人賣芒果，那就搜尋朋友的朋友。

每次搜尋朋友名單上的某位朋友時，也將這位朋友的所有朋友加入搜尋名單。

這個方法不但可以搜尋自己的朋友是否為賣家，還能搜朋友的朋友。我們的目標是要找出朋友圈中是否有賣芒果的賣家，如果 ALICE 沒有賣芒果，那就把她的朋友加入名單，這樣也會搜尋她的朋友，甚至是她朋友的朋友，依此類推。廣度優先搜尋法會搜尋朋友圈內的所有人，直到找到賣芒果的賣家。

尋找最短路徑

以「尋找芒果賣家」範例而言，廣度優先搜尋會回答以下兩類問題：

● 第 1 類問題：節點 A 與節點 B 之間是否有路徑存在？
（朋友圈裡是否有芒果賣家？）

● 第 2 類問題：節點 A 到節點 B 的最短路徑為何？
（和你關係最近的賣家是誰？）

剛才我們已經討論過第 1 類問題，現在來看第 2 類問題：是否能找到和你關係最近的賣家？例如，你的朋友和你是一等關係，朋友的朋友和你是二等關係。

比較合理的做法是，從一等關係連到二等關係，再從二等關係連到三等關係，依此類推。所以在搜尋二等關係之前，我們應該先確認一等關係裡沒有賣芒果的人，也就是說應該先搜尋完一等關係，再搜尋二等關係。廣度優先搜尋的運作模式是從起始點開始向外呈放射狀發散出去。

想想看：要從誰開始檢查呢？先檢查 CLAIRE 還是 ANUJ？答案：CLAIRE 是一等關係而 ANUJ 是二等關係，所以檢查 ANUJ 之前，應該先檢查 CLAIRE。

接著，只要逐一檢查名單裡的人是否為賣家即可。在檢查二等關係之前，會先檢查一等關係裡的所有人，這樣就能找到與你關係最近的賣家了。廣度優先搜尋不只找出從 A 點到 B 點的路徑，還會找出最短路徑。

值得注意的是，必須依加入的順序搜尋，廣度優先搜尋才能發揮作用。如果 CLAIRE 比 ANUJ 還要早加入名單裡，就必須先搜尋 CLAIRE 再搜尋 ANUJ。如果他們兩個都是賣家的話，先搜尋 ANUJ 後才搜尋 CLAIRE，會發生什麼事呢？CLAIRE 和你是一等關係，而 ANUJ 是二等關係，這樣找到的人就不是與你關係最近的賣家了。所以我們必須依照加入名單的順序來搜尋。與這個方法對應的資料結構稱為**佇列** (queue)，底下將說明佇列的運作方式。

▌佇列 (queue) 資料結構

佇列 (queue) 的運作跟我們生活中的排隊一樣。當你和朋友一起排隊等公車，你排在朋友的前面就會先上公車。同理，佇列的運作也是如此。佇列和堆疊類似，不可以隨機存取佇列中的元素，只能進行**加入佇列** (enqueue) 和**從佇列移除** (dequeue) 兩個操作。

加入佇列：
將元素加入佇列
的尾端

從佇列移除：
從佇列的前端
移除元素

如果在佇列中加入兩個元素，那麼移除時會先移除第一個加入的元素。將此原理套用到剛才的芒果賣家搜尋範例，先加入搜尋名單的人也會成為先被搜尋和移除的對象。

佇列是 FIFO (First In First Out，先進先出) 的資料結構；相對地，堆疊是 LIFO (Last In First Out，後進先出) 的資料結構。

先進先出
(FIFO)

後進先出
(LIFO)

了解佇列的原理後，下一節將進行廣度優先搜尋法的實作。

請用廣度優先搜尋法處理這些圖形,並找出解答。

6.1 請找出起點和終點的最短路徑。

6.2 請找出從「CAB」到「BAT」的最短路徑。

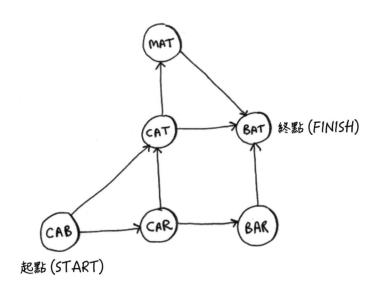

6-4 實作圖形 (Implementing the graph)

首先，我們用程式碼實作圖形。圖形是由多個節點所組成的。每個節點都與相鄰節點連在一起。我們該如何描述像這樣的關係，「YOU->BOB」？幸好我們在第 5 章已經學過用來表達對應關係的資料結構，那就是**雜湊表** (hash table)。

別忘了，雜湊表會將「鍵」對應到「值」。以此範例而言，要將一個節點對應到與該節點所有相鄰的節點。

Python 程式碼如下：

```python
graph = {}
graph["you"] = ["alice", "bob", "claire"]
```

請注意，這裡的「you」會對應到一個陣列。因此 graph["you"] 會提供一個包含「you」的所有**外鄰**陣列。請記住，**外鄰**是「you」節點指向的節點。

圖形說穿了就是由一堆節點和邊組成，這也是撰寫 Python 圖形所需的元素。如果是像下圖這種範圍更大的圖形，要如何處理呢？

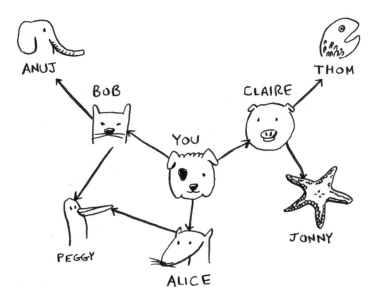

Python 程式碼如下：

```
graph = {}
graph["you"] = ["alice", "bob", "claire"]
graph["bob"] = ["anuj", "peggy"]
graph["alice"] = ["peggy"]
graph["claire"] = ["thom", "jonny"]
graph["anuj"] = []
graph["peggy"] = []
graph["thom"] = []
graph["jonny"] = []
```

想想看：「鍵 / 值」的新增順序不同會造成影響嗎？若程式碼為：

```
graph["claire"] = ["thom", "jonny"]
graph["anuj"] = []
```

而非

```
graph["anuj"] = []
graph["claire"] = ["thom", "jonny"]
```

程式這樣寫可以嗎？請回想上一章的內容。答案：沒有差。因為雜湊表沒有順序之分，所以不論「鍵／值」的新增順序為何，都不會有影響（編註：這就是為什麼 Python 的 dict 型別的元素不講順序的原因）。

有向圖、無向圖

圖形的「邊」(edge) 若有箭頭指向（例如底下左圖），表示具有方向性，這樣的圖形稱為**有向圖** (Directed Graph)，節點與節點之間的關係是有方向的。若圖形的「邊」(edge) 沒有任何箭頭指向（例如底下右圖），兩個節點彼此互為相鄰節點，這種圖形稱為**無向圖** (Undirected Graph)。

▲ ROSS 和 RACHEL 彼此都有箭頭　　　　▲ ROSS 和 RACHEL 用無向圖
　指向對方，所以互為相鄰節點　　　　　連結，所以互為相鄰節點

如果是**無向圖**，那麼你可以忘記**內鄰**和**外鄰**這些專有名詞，使用更簡單的**相鄰**即可。

6-5 實作演算法 (Implementing the algorithm)

在實作廣度優先搜尋演算法前,我們將整個運作流程繪製成下圖:

1. 用佇列存放要查看的人

2. 從佇列移除一個人 (ALICE)

3. 查看這個人是否為 芒果賣家

芒果賣家?

是　　　否

4. a 找到了!

4. b. 將她的所有相鄰節點 加入佇列 (PEGGY)

5. 迴圈!

6. 如果佇列被清空,表示 朋友圈中沒有芒果賣家

TIPS 剛才說明**佇列**時,我是用**加入佇列** (enqueue) 和**從佇列移除** (dequeue) 這兩個 詞。別的地方可能會用不同說法,像 Python 就使用 append 和 popleft 來取 代 enqueue 和 dequeue。在第 3 章介紹堆疊時我們使用 push 和 pop 來說明。 基本上,push 和 enqueue 意思相同;而 pop 和 dequeue 意思相同。

首先，從建立佇列開始。我們可以用 Python 的**雙端佇列函式** (double-ended queue，簡稱 deque) 來撰寫：

```
from collections import deque
search_queue = deque()        ←──── 建立新的佇列
search_queue += graph["you"]  ←──── 將「you」所有相鄰的節點
                                     加入 search 佇列
```

別忘了，graph["you"] 會建立一份含有與你所有相鄰節點的 list，例如 ["alice", "bob", "claire"]。他們全都會加入待搜尋的佇列裡。

其餘程式碼：

```
while search_queue:    ←──── 只要佇列不是空的
    person = search_queue.popleft()  ←──── 將第一個人從佇列移除
    if person_is_seller(person):     ←──── 檢查是否為芒果賣家
        print(person + "是芒果賣家")   ←──── 印出訊息
        return True
    else:
        search_queue += graph[person] ←──── 不是芒果賣家，將他
                                             全部的朋友加入佇列

return False  ←──── 如果執行到這裡，就表示佇列裡沒有人是賣家
```

最後，當找到賣芒果的賣家時，還需要用 person_is_seller 函式幫忙做判斷：

```
def person_is_seller(name):
    return name[-1] =='m'
```

這個函式會檢查英文人名的最後一個字母是否為「m」，若是「m」則為賣家。雖然看起來有點奇怪，但這裡只是做個示範。我們來看看廣度優先搜尋如何運作。

...依此類推...

演算法會照這樣執行下去，直到出現以下情形：

● 找到芒果賣家。

或是

● 佇列被清空，表示沒有人賣芒果。

避免重複值

ALICE 和 BOB 的共同朋友為 PEGGY，所以 PEGGY 會重複加入佇列兩次：第一次是在加入 ALICE 的朋友名單時，第二次是在加入 BOB 的朋友名單時。這麼一來，PEGGY 會在佇列中出現兩次。

不妙，PEGGY
在佇列內出現**兩次**！

但是我們只需要查看一次 PEGGY 是否有賣芒果就可以了。如果檢查兩次，只是在做白工。所以每次搜尋一個人時，應該要標示檢查過了，以避免重複檢查。

如果不這麼做，可能會形成無窮迴圈。假設芒果賣家的圖形如下圖：

搜尋佇列會先儲存你的所有相鄰節點。

首先查看 PEGGY，發現他沒有賣芒果，所以要將她所有相鄰的節點加入到搜尋佇列。

接著查看自己，你也不是賣芒果的人，所以將你所有相鄰的節點加入搜尋佇列。

這樣下去，會形成一個無窮迴圈，因為搜尋佇列會在你和 PEGGY 之間來回搜尋。

在查看任何人之前，一定要先確認是否已檢查過
此人。所以，請建立一份名單，記錄所有查看過的人。

將上述情況列入考量後，完整的廣度優先搜尋程式碼如下：

▶ FileName：Python\Ch06\01_breadth-first_search.py

```python
def search(name):
    search_queue = deque()
    search_queue += graph[name]
    searched = set()      ← 存放已經搜尋過的人
    while search_queue:
        person = search_queue.popleft()
        if not person in searched:   ← 若還沒搜尋過，則進行搜尋
            if person_is_seller(person):
                print(person + "是芒果賣家！")
                return True
            else:
                search_queue += graph[person]
                searched.add(person)   ← 將這個人標示為已搜尋
    return False

search("you")
```

執行結果

```
thom 是芒果賣家！
```

請試著執行以上程式碼，找出芒果賣家。也可以嘗試將 person_is_
seller 這個函式改成比較有意義的檢查（此範例是設定名字結尾為「m」
的人是賣家），並看結果是否符合預期。

Coding Interview 要點：
運用 BFS 演算法解 Word Ladder 題目

此處 BFS 的概念可用來解 Coding interview 常見題目「Word Ladder」。題目會給你一個起始的單字，要求你從單字清單中，每次修改一個字母，最後變換成指定的結尾單字。

例如，起始單字為：john，給定的單字清單為：["mark", "josh", "jack", "mack"]，目標的結尾單字為 mark，程式要能找出 "john" -> "josh" -> "jack" -> "mack" -> "mark" 這樣的順序。

這題只要稍微修改本節 BFS 的程式碼就可以處理 Word Ladder 問題，你可以自行試試看。若需要參考解答可以搜尋 "Word Ladder"，或者使用 **Bonus** 介紹的 GPT 刷題機器人求解。

廣度優先搜尋法的執行時間

要從朋友圈中找出芒果賣家時，得要沿著圖形的每個**邊**搜尋（邊是指從一個人指到另一個人的箭頭或是連結）。所以執行時間以 Big O notation 來表示，至少是 O(邊的數量)。

將一個人加入到佇列所需的時間是常數時間 O(1)，將所有人加入佇列的所需時間為 O(總人數)。所以廣度優先搜尋的執行時間為 O(人數 + 邊數)，常見的寫法為 O(V + E)，其中 V 代表**頂點** (vertex)、E 代表**邊** (edge)。

這是我從起床開始固定的生活作息圖。

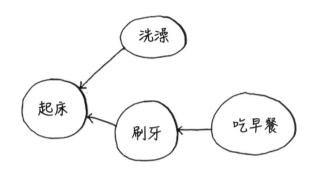

如圖所示，我一定會在刷完牙後才吃早餐，所以「吃早餐」取決於是否「刷牙」。

不過洗澡不取決於刷牙 (沒有相依關係)，我可以先洗澡再刷牙。
從這個圖形可以列出我的早晨既定作息：

 1. 起床　　2. 洗澡　　3. 刷牙　　4. 吃早餐

洗澡的順序可以隨意調配，所以也可以這樣列：

 1. 起床　　2. 刷牙　　3. 洗澡　　4. 吃早餐

6.3　以下三種情形，哪些正確？哪些不正確？

A.	B.	C.
1. 起床	1. 起床	1. 洗澡
2. 洗澡	2. 刷牙	2. 起床
3. 吃早餐	3. 吃早餐	3. 刷牙
4. 刷牙	4. 洗澡	4. 吃早餐

▼接下頁

6.4　請為底下這張圖列出一份正確的順序表。

▌拓樸排序 (Topological Sort)

如果事件 A 取決於事件 B，那事件 A 就會出現在事件 B 之後。這種情況稱為**拓樸排序** (Topological Sort)，這是一種從圖形中提列出排序表的方法。假設你正在籌備婚禮，並且畫了一大張圖，上面有許多待辦事項，但是該從哪一件事做起呢？這時候就可以用拓樸排序，依照先後順序列出一份待辦事項。

下圖以一份簡單的家譜為例，帶你了解拓樸排序。

這張家譜有節點（人）也有邊，所以是一張圖形。每個邊都指向父母節點，所有的邊都是往下指（只會是單向關係），因為家譜不可能有任何邊往上指，父親不可能是祖父的爸爸！

這種結構就稱為**樹**(tree)。樹是一種特殊圖形，沒有任何邊往回指。

練習

6.5　以下哪些圖形為**樹**？

A.　　　　　B.　　　　　C.

6-6　本章摘要

✓ 廣度優先搜尋能找出 A 點到 B 點之間是否存在路徑。

✓ 若路徑存在，廣度優先搜尋會找出最短路徑。

✓ 如果需要找出「尋找最短的○○」問題時，可針對問題建立圖形，再用廣度優先搜尋解決問題。

✓ **有向圖** (Directed Graph) 用箭頭來指示圖形，節點間的關係是**單向** (例如：RAMA -> ADIT，表示「RAMA 欠 ADIT 錢」)。

✓ **無向圖** (Undirected Graph) 沒有箭頭，節點間的關係是**雙向** (例如：ROSS - RACHEL，表示「ROSS 和 RACHEL 約會，同時也是 RACHEL 與 ROSS 約會」)。

✓ **佇列**為 FIFO (First In First Out，先進先出)。

✓ **堆疊**為 LIFO (Last In First Out，後進先出)。

✓ 若必須依照加入搜尋名單的順序做檢查時，這個搜尋名單須為佇列資料結構。若不按照此順序搜尋，會找不到最短路徑。

✓ 搜尋過某個人，應該標示此人已經查看過了，否則會陷入無窮迴圈。

樹狀圖 (tree) | *7* chapter

本章重點：

- 學習一種特殊的「圖」結構：**樹狀圖**。

- 熟悉在**樹狀圖**上執行簡單的演算法。

- 學習**深度優先搜尋** (DFS)，並了解**深度優先搜尋**和**廣度優先搜尋** (BFS) 之間的差異。

- 學習基於**樹狀圖**的壓縮演算法：**霍夫曼編碼** (Huffman Coding)。

樹狀圖的種類繁多，所以特別以專章做說明。壓縮演算法和資料庫背後的所有繁重工作，均由**樹狀圖**承載，像**霍夫曼編碼**(本章稍後會介紹該壓縮演算法) 用的就是二元樹。

　　下一章會繼續介紹 **B 樹** (B-tree) 等眾多資料庫採用的**平衡樹**結構。看完這兩章你應該會對**樹狀圖**的相關概念與術語有更多了解。

7-1　第一個樹狀圖

　　樹狀圖其實是圖的一種，稍後會給予更完整的定義。現在先來看個**樹狀圖**結構，順便了解幾個常用術語。**樹狀圖**跟圖一樣，是由**節點** (node) 和**邊** (edge) 組成。

節點 →
邊 →

樹狀圖

　　本書提到的**樹狀圖**都是有根樹，也就是一定存在能通往其他任何**節點**的**根節點** (Root Node)。再次強調，本書不涉及**無根樹**的部份，所以本書提到的**樹狀圖**均為有根樹。各個節點可衍生出**子節點**，而**子節點**一定有**父節點**。

根節點

10
5　20
2　7　25

樹狀圖的任何**節點**最多只能有一個**父節點**；沒有**父節點**的唯一**節點**就是**根節點**，而沒有**子節點**的節點為**葉節點**。只要能分得清楚根、葉、父和子節點，就能繼續往下看了！

檔案目錄

既然**樹狀圖**也是**圖**，當然能用**圖**演算法，現在就以**廣度優先搜尋** (BFS) 示範。在第 6 章中，我們用 BFS 搜尋圖內的最短路徑，若是不熟悉 BFS 可重新複習第 6 章。

生活中最常接觸的**樹狀圖**，莫過於檔案目錄。假設有個目錄「pics」長這樣：

想要列印 pics 目錄中的每個檔案名稱，包括所有子目錄（圖中只有一個子目錄「2001」）。

可以用**廣度優先搜索**來完成。首先，將這個
檔案目錄以樹狀圖呈現：

既然檔案目錄也是一種**樹狀圖**，當然也能套用**廣度優先搜尋**等**圖**演算
法。之前雖然將**廣度優先搜尋**當作搜尋演算法，但它也是能走訪圖內所有
節點的演算法。我們要的正是可以層層探索子目錄、找出所有檔案並列印
出檔名的演算法！**廣度優先搜尋**正符合任務需求！整個邏輯如下：

1. 走訪樹狀圖的各節點。

2. 若節點為檔案，則列印其名稱。

3. 如果節點是資料夾 (folder)，則將它新增到待搜尋檔案的資料夾佇列
   中，以便之後搜尋檔案。

   程式碼如下，與第 6 章的賣芒果程式很像：

```
from os import listdir
from os.path import isfile, join
from collections import deque

def printnames(start_dir):          使用佇列 (queue) 來
    search_queue = deque()    ◀──── 記錄待搜尋資料夾
    search_queue.append(start_dir)
    while search_queue:       ◀──── 當佇列不是空的，從中取出
        dir = search_queue.popleft()    一個資料夾，作為搜尋目標

                                              ▼接下頁
```

```
            for file in sorted(listdir(dir)):          走訪目前資料夾中的
                fullpath = join(dir, file)              所有檔案和子目錄
                if isfile(fullpath):
                    print(file)              如果是檔案,則列印出其檔名
                else:
                    search_queue.append(fullpath)

                                            如果是資料夾,就將這個資料夾
printnames("pics")                          加入佇列的後面,以便之後搜尋
```

這裡的佇列跟前面的尋找芒果賣家程式一樣,我們在佇列中追蹤還需要搜尋的資料夾。然而芒果賣家程式是一旦找到芒果賣家就停止搜尋,這裡則是要走訪整個樹狀結構。

此外,兩個範例還有一個大差異,看出來了嗎?

芒果賣家的範例中,需要追蹤是否已經搜尋過某個人:

```
...
        if person not in searched:          只有在尚未搜尋過這個人
            if person_is_seller(person):    的情況下,才進行搜尋
...
```

在此,我們不需要這樣做!**樹狀圖**沒有循環,每個節點只有一個父節點,這些特性不可能出現重複搜尋同一個資料夾導致陷入無限循環的狀況,所以不需要記錄已經搜尋過哪些資料夾。

無環

沒有多個父節點

樹狀圖無環的特性能讓程式碼更簡化，這是本章的重點。

符號連結的說明

符號連結 (symbolic links) 是一種能在檔案目錄中加入循環的方法。在 macOS 或 Linux 上可用以下指令建立符號連結：

```
ln -s pics/ pics/2001/pics
```

Windows 上的指令則是：

```
mklink /d pics/ pics/2001/pics
```

以上指令會讓**樹狀圖**的檔案結構加上一個環，如圖所示：

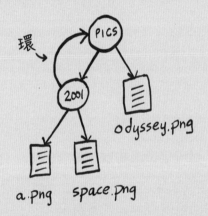

如此一來，檔案目錄就不再是**樹狀圖**了！為了簡化起見，前面排除了符號連結存在的可能性。不過即使真的有符號連結，Python 本身具有可以避免無限循環的機制，它會顯示以下錯誤的訊息：

```
OSError: [Errno 62] Too many levels of symbolic links:
'pics/2001/pics'
```

7-2 太空漫遊：深度優先搜尋

這一節我們要改用**遞迴**的方式，再次走訪所有檔案目錄：

```python
from os import listdir
from os.path import isfile, join

def printnames(dir):
    for file in sorted(listdir(dir)):        ← 走訪目前資料夾中的
        fullpath = join(dir, file)              每個檔案和資料夾
        if isfile(fullpath):
            print(file)    ←──────────────── 如果是檔案，則列印出檔名
        else:
            printnames(fullpath)    ←──────── 如果是資料夾，則遞迴呼叫此
                                              函式，以搜尋檔案和資料夾
printnames("pics")
```

　　請注意，在此是以遞迴取代佇列，一旦搜尋到資料夾，會立即查看其內部是否有更多的檔案和資料夾。雖然兩種解法都能列印出所有檔案名稱，但檔名出現的順序卻不一樣。

　　其中一個顯示如下：

```
a.png
space.png
odyssey.png
```

　　另一個則顯示如下：

```
odyssey.png
a.png
space.png
```

看得出來哪個解法對應哪種順序嗎？在繼續之前，請嘗試自己解答。

　　第 1 個解法是使用廣度優先搜尋，當搜尋到一個資料夾時，該資料夾會被加入到佇列中，以便稍後檢查。因此，演算法會先到達「2001」資料夾，但不進入其中，而是將其加入佇列，先列印「pics」資料夾中的所有檔案名稱，再回到「2001」資料夾並列印其中的檔案名稱。

　　廣度優先搜尋雖然會先看到子資料夾「2001」，但不會馬上進入內部查看，而是暫時將該子資料夾加入到佇列中，先去處理檔案「odyssey.png」。

　　第 2 種解法則是**深度優先搜尋** (Depth-First Search，DFS)。DFS 也是能套用在**圖**和**樹狀圖**的走訪演算法，不過當它看到子資料夾時，會立即查看內部，而非暫存到佇列。

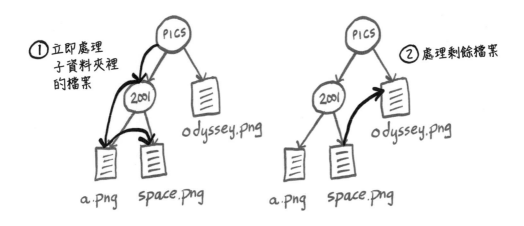

第 2 個解法列印出的結果如下：

```
a.png
space.png
odyssey.png
```

　　廣度優先搜尋和**深度優先搜尋**關係密切，很難分開討論。這兩種演算法都能列印出所有的檔案名稱，但兩者有個很大的區別：**深度優先搜尋**不能用於尋找最短路徑！

　　芒果賣家的程式不能使用深度優先搜尋。我們順著人脈尋找符合條件的人，通常都是先找自己的朋友，再找朋友的朋友，以此類推，這就是廣度優先搜尋的運作方式。但是深度優先搜尋會立即深入到最深處，它可能會在你已經有更近的聯絡人的情況下，找到三度關係的芒果賣家！假設右圖是你的社交網路。

假設節點處理順序是從左到右，**深度優先搜尋**會
先到達最左邊的子節點（芒果賣家）並深入下去。

由於深度優先搜尋會先深入查看靠左邊的節點，不會發現根節點右邊
有個更近的芒果賣家。而廣度優先搜尋就不會犯這種錯，能夠正確地找到
最近的芒果賣家。

因此，雖然兩種演算法都能列出所有檔案，但要找出最短路徑只能靠
廣度優先搜尋。然而**深度優先搜尋**也有其他用途，第 6 章曾簡單介紹過的
拓樸排序 (Topological Sort) 就非 DFS 不可。

▌更完整的樹狀圖定義

看完前面的範例，是時候對**樹狀圖**做更完整的定義。樹是一種連通 (connected) 的無環 (acyclic) 圖。

本書篇幅有限，僅探討**連通圖**與**有根樹**，因此，最重要的是樹一定不能有循環。

7-3　二元樹 (Binary tree)

電腦科學有很多種不同類型的樹，**二元樹** (Binary tree) 算是非常常見的樹，本章接下來的部分以及下一章大部份內容都會著重在**二元樹**上。

　　二元樹是一種特殊的樹類型，其中每個節點最多可以有兩個子節點 (因此稱為二元，即兩個)。這些子節點通常稱為**左子節點** (Left Child) 和**右子節點** (Right Child)。

家譜就是一個二元樹的例子，因為每個人都有一父一母。

在家譜的例子中，節點之間有明確的連接（它們都是家人）。然而，資料也可能是完全任意的，例如右圖的情況：

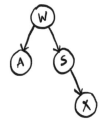

重要的是，每個節點最多只有兩個子節點，才能呈現完美二元樹結構。**左子樹** (Left Subtree) 與**右子樹** (Right Subtree) 也是常見的術語。

二元樹在電腦科學中很常見，本章接下來的部份會探討其中一種實作。

7-4 霍夫曼編碼 (Huffman Coding)

霍夫曼編碼 (Huffman Coding) 是以二元**樹**結構來實現基本文字壓縮的演算法。以下會介紹其運作原理、以及它如何巧妙利用**樹狀圖**的特性，其他細節則省略。

首先，簡單介紹一些背景知識。要了解文字壓縮演算法的原理，得先知道文字檔案原本會佔用多少空間。假設某個文字檔內只有一個單字「tilt」，要知道其佔用多少儲存空間，只要用 stat 指令 (Unix 系統均支援) 即可查詢。先將單字「tilt」儲存在名為 test.txt 的檔案中，然後執行 stat 指令：

```
$ cat test.txt
tilt

$ stat -f%z test.txt
4
```

你會看到該檔案內有 4 個字元，所以佔了 4 個位元組。

假設我們採用 ISO-8859-1 編碼（請參閱後面說明），每個字母佔用 1 個位元組。以字母 a 為例，其 ISO-8859-1 編碼為 97，用二進位表示為 01100001，長 8 個位元。1 個位元可以是 0 或 1 的數字，8 個位元等於 1 個位元組，因此，字母 a 是用 1 個位元組來表示。ISO-8859-1 編碼範圍從 00000000（空字元）到 11111111 (ÿ，具分音符號的拉丁小寫字母 y)。有 256 種可能的 0 和 1 組合，這意味著 ISO-8859-1 編碼允許 256 種可能的字母。

下面會以字母 a 的不同二進位編碼為例,說明字元編碼的多樣性。

最早的字元編碼 ASCII 在 1960 年被創造出來,ASCII 採用 7 位元編碼,只能表示 128 種字元,任何帶有變音符號的字元(例如 ü 或 ö)或貨幣符號(像英鎊或日圓)都沒辦法表示。

之後 8 位元編碼的 ISO-8859-1 出現,字元數達到 256 個,雖然已經是 ASCII 的兩倍,但還是不夠用。由於 ISO-8859-1 和 ASCII 偏重於歐洲語言,於是各國開始推出自己的編碼系統,光是日本就推出數種日語編碼,直到 Unicode(萬國碼)的出現,才結束這一團糟的局面。

Unicode 是一種編碼標準,其宗旨在建立囊括所有語言的字元編碼。**Unicode** 更新到第 15 版後,共收錄 149,186 個字元,以及超過 1,000 個表情符號,跟一開始的 256 個字元相比簡直天差地別。

目前最常用,且符合 **Unicode** 標準的字元編碼是 UTF-8,它是一種可變長度字元編碼,字元長度可介於 1 到 4 個位元組(8-32 位元)之間。

一時搞不懂這些編碼也別擔心,本書使用 8 位元的 ISO-8859-1 來簡化範例,操作起來單純很多。

只要記住以下要點:

- 壓縮演算法的目的在減少儲存每個字元所需的位元數。

- 如果需要為專案選擇編碼,通常 UTF-8 是首選。

現在我們一起來將這堆二進位數字 011100100110000101100100 以 ISO-8859-1 解讀,想偷懶的話,Google 能搜尋到 ISO-8859-1 二進位的對照表或轉換器。

首先，每個字元都是 8 位元，所以要 8 個 8 個分開，使其容易閱讀，像這樣：

```
01110010   01100001   01100100
```

嗯，現在至少知道有 3 個字元。接著查閱一下 ISO-8859-1 對照表，可看出 01110010、01100001、01100100 依序是 r、a、d，所以是「rad」，這就是一般文字編輯器將二進位的資料轉為文字的原理。文字檔原本的二進位內容可用 Unix 支援的 xxd 指令查看，以下是 tilt 以二進位呈現的樣子：

```
$ xxd -b test.txt
00000000: 01110100 01101001 01101100 01110100
tilt
```

壓縮演算法在此就派上用場了。要表示單字 tilt 不需要 256 個字元，只要 3 個字母就夠了；3 個字母需要用 8 位元編碼嗎？用以下編碼的話，2 位元就夠了：

```
t = 00
i = 01
l = 10
```

tilt 改用以上編碼表示會變成 00011000；加上空格方便閱讀、再拿對照表一查，就能把 00 01 10 00 解碼成 tilt。

根據檔案裡的字元多樣程度，嘗試將字元編碼改用如右的**樹狀圖**呈現，以便將編碼長度降到 8 位元以下，這就是**霍夫曼編碼**壓縮資料的方式。

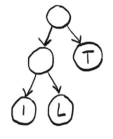

還原字元編碼流程如下。從根節點出發一路往目標字元前進，不是往左就是往右；往右走，編碼就多加「1」，反之就是「0」。以字元「L」為例，得先往左再往右，所以「L」的編碼為 01。根據該**樹狀圖**可得出以下 3 字元的編碼為：

```
i = 00
l = 01
t = 1
```

注意字元 T 編碼僅 1 位元。ISO-8859-1 的各字元編碼長度需均等，**霍夫曼編碼**則容許長短不一，這是兩者最大的區別，稍後會另舉例示範。

現在以稍微複雜的「paranoid android」作為壓縮示範。以**霍夫曼編碼**生成的**樹狀圖**如下。

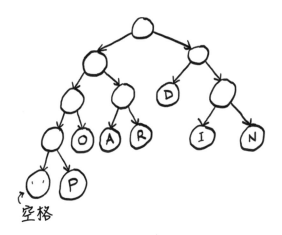

空格

在繼續往下看之前，先自己還原看看字元 P 的編碼，答案是 0001；字元 D 則是 10。

　　這樣生成的編碼可能會有 3 種不同長度！假設待解碼的二進位資料內容為 01101010，由於各字元編碼長度可以是 2 位、3 位或 4 位數，所以無法像處理 8 位元的 ISO-8859-1 那樣，每 8 個分為一組，因為無法確定哪些位數對應同一字元！使用此法解碼時，需要一次解讀一個位元。

　　詳細操作流程如下：第 1 位數為 0，所以向左走（此處只顯示樹狀圖局部）。

　　第 2 位數為 1，故朝右走。

　　第 3 位數還是 1，所以再向右。

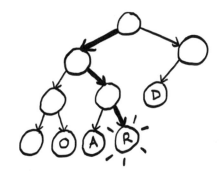

啊哈！找到一個字元「r」。接下來只要重新從根節點出發，照著剩餘二進位數字 01010 指引的方向走，就能找到後續字元，先自己試著解碼再往下看答案。找到了嗎？正確答案是 rad。以上就是**霍夫曼編碼**和 ISO-8859-1 的差別；前者編碼成的樹狀圖會因檔案內容而變，不像後者有公用對照表。

流程看似比等長編碼的一塊塊分開麻煩，但有個很大的好處。仔細看會發現，字元編碼長度明顯隨出現頻率成反比：D 出現了 3 次，其對應編碼只有兩位數，出現 3 次的 I 與出現 1 次的 P 則都是 3 位數以上。常用字元可進一步壓縮，而非像其他字元一樣非得用上 4 位元來記憶。如此一來，在較長的文字中，能省下很多空間！

講完**霍夫曼編碼**的基本運作原理後，現在來看看它利用了樹狀圖的哪些特性。

首先，字元解碼是否會出現模稜兩可的情況？以這組編碼為例：

```
a = 0
b = 1
c = 00
```

現在給你一段二進位編碼「001」，你說這是 AAB 還是 CB？ c 與 a 編碼上有局部雷同，光看以上資訊無法判斷。其編碼樹狀圖若如右圖這樣：

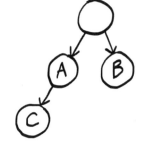

通往 C 的路上一定會經過 A，就會導致判讀出現模稜兩可的情況。

不過**霍夫曼編碼**的字元一定只會出現在葉節點,所以不會出現以上狀況。根節點到每個葉節點都僅有唯一路徑,這是樹狀圖的特性,保證不會出現前述的模稜兩可情況。

若通往特定字元的路徑有多條,代表該字元會有不必要的多種編碼;但按照**霍夫曼編碼**的設計,各字元必有獨一無二的編碼。

根據編碼指示路徑,必會正確抵達對應字元,這是在逐位元判讀編碼會做的假設;但該假設在有環圖不成立,有可能會卡在某個環內出不去。

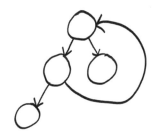

但是樹狀圖必為無環,所以保證一定會通到某個**葉節點**(字元)。本書僅討論**有根樹**,一定有可作為起點的根!而其他**圖**結構就不一定有根。

以上介紹的樹狀圖類型是最多只能有兩個子節點(**左子節點**和**右子節點**)的二元樹 (Binary Tree),相當名符其實,因為二進制非 0 即 1;若有第 3 個子節點,就不知道該標什麼數字了。

本章介紹了樹狀圖。下一章會講解其他類型的樹狀圖並展示其用途。

7-5　本章摘要

✓ 樹狀圖是一種無環圖。

✓ **深度優先搜尋**演算法可用於走訪**圖**的所有角落，但不能用於尋找最短路徑。

✓ 二元樹是一種特殊的**樹狀圖**，各**節點**最多只能有兩個**子節點**。

✓ 字元編碼有許多種類型：Unicode 是國際標準，UTF-8 則是最常見的 Unicode。

平衡樹 (Balanced Tree)

8 chapter

本章重點：

- 學習**二元搜尋樹** (Binary Search Tree，BST) 的資料結構。

- 學習**平衡樹**以及它們為何比**陣列**或**鏈結串列** (linked list) 的效能還好。

- 學習 **AVL 樹**：AVL 樹是一種平衡的**二元搜尋樹** (BST)。BST 的效率在最差情況下可能會很慢，而**平衡樹**可改善其表現。

上一章介紹了樹狀圖，現在我們來看該結構的實際用途。當陣列和鏈結串列無法提供所需的效能時，可考慮改用**樹狀圖**。本章除了會探討**樹狀圖**的效能外，還會介紹一種能增進額外效能的特殊樹狀圖，稱為**平衡樹**。

8-1 取得平衡

還記得第 1 章提過的**二元搜尋** (Binary Search) 嗎？要從資料陣列找出某數值，**簡易搜尋**的搜尋時間為 O(n)，而**二元搜尋**搭配已排序陣列只需要 O(log n) 時間；但要在已排序陣列插入一個新數值，得花點時間挪動一批數值來騰出空間，其所需時間也是 O(n)。

如果能像在**鏈結串列**中那樣插入，只要改幾個指標就好了。

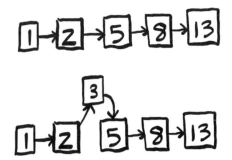

但是**鏈結串列**的搜尋時間也是線性 (O(n))，要怎麼做才能兼顧兩者的優點呢？

透過樹狀圖來提升插入速度

我們希望能夠擁有已排序陣列的搜尋速度，同時具有更快的插入速度。目前已知鏈結串列的插入效率較好。因此，我們需要一種結合這些條件的資料結構。

	搜尋	插入
已排序陣列	O(log n)	O(n)
鏈結串列	O(n)	O(1)
???	O(log n)	比 O(n) 快

這種資料結構就是樹狀圖！樹狀圖有多種類型可選擇，本章要介紹的是**平衡二元搜尋樹** (Balanced Binary Search Tree，BST) 的運作方式及平衡方法。

BST 是**二元樹**的一種，典型結構如右：

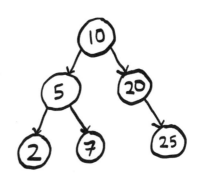

BST 就像二元樹一樣，每個節點最多有兩個子節點：**左子節點**和**右子節點**。但它有一個特別的屬性：左子節點的值總是小於其根節點的值，而右子節點的值總是大於其根節點的值。以節點 10 為例，其左子節點的值較小 (5)，而右子節點的值較大 (20)。

此外，**左子樹**中的所有數值都比根節點的值小；**右子樹**中的所有數值都比根節點的值大！

這個特殊的屬性能大幅提升搜尋速度。

我們來看看數字 7 是否在這棵樹中
以下是搜尋的步驟，從根節點 (10) 開始。

7 比 10 小，所以我們直接檢查左子樹。請記住，較小值的節點都在左側，而較大值的節點都在右側。因此，我們不需要先檢查右側的節點，7 不會出現在那裡。如果從 10 向左移動，我們會到達「5」。

7 比 5 大，所以這次改走右邊。

找到了！現在改找另一個數字 8，沿著一樣的路徑。

　　只是樹中根本沒有「8」！如果真的有的話，它會出現在虛線節點的位置。我們之所以探討樹狀圖，是想看看該結構是否比陣列或**鏈結串列**快，那就來談談這棵樹的效能吧！為此，得先查看樹的高度。

8-2 樹狀圖越矮效率越高

　　下圖的兩棵樹都是 7 個節點，但效能卻差很多。

在最佳情況下,樹的高度是 2,表示從**根節點**到任何節點最多只要兩步;在最差情況下,樹的高度是 6,表示從**根節點**到最遠的節點最多 6 步。我們來比較一下二元搜尋和**簡易搜尋**的效能。

簡易搜尋	二元搜尋
100 個元素 ↓ 猜 100 次	100 個元素 ↓ 猜 7 次 ｜ 省很大!
4,000,000,000 個元素 ↓ 猜 4,000,000,000 次	4,000,000,000 個元素 ↓ 猜 32 次 ｜ 省更大!
O(n) ↑ 線性時間	O(Log n) ↖ 對數時間

還記得第 1 章的猜數字遊戲嗎?要從 100 個數字猜中目標,使用二**元搜尋**最多猜 7 次,用**簡易搜尋**則有可能得猜 100 次;改用**樹狀圖**來猜,也得考慮最佳情況跟最差情況。

樹狀圖的 最差情況	樹狀圖的 最佳情況
7 個節點 ↓ 6 步 (高度為 6)	7 個節點 ↓ 2 步 (高度為 2)

在最差情況下，所有節點都排列在一條線上，樹愈高效能也愈差。這棵樹的高度為 O(n)，因此搜尋時間為 O(n)。換個角度來看，這棵樹其實就像是一個鏈結串列，因為一個節點指向另一個節點，依此類推，排成一條線，而透過鏈結串列搜尋需要 O(n) 時間。

在最佳情況下，樹的高度是 O(log n)，因此搜尋這棵樹需要 O(log n) 時間。

	樹狀圖的最差情況	樹狀圖的最佳情況
	7 個節點 ↓ 6 步(高度為6)	7 個節點 ↓ 2 步(高度為2)
搜尋時間：	O(n)	O(log n)

所以這種情況非常類似**二元搜尋**與**簡易搜尋**！如果我們能將樹的高度控制在 O(log n)，那麼搜尋這棵樹將需要 O(log n) 的時間，正如我們的期望。

	搜尋	插入
已排序陣列	O(log n)	O(n)
鏈結串列	O(n)	O(1)
???	O(log n)	比 O(n) 快

但是要如何將樹的高度控制在 O(log n) 呢？先看一個反面教材：這是一棵逐步發展成最差情況的樹，首先從一個節點開始。

再加一個節點。

到目前為止都還好，繼續再加幾個節點。

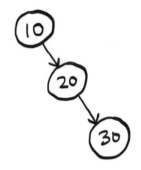

這些節點的數值一個比一個大，所以節點得全部往右側塞。

哎呀！這棵樹是最差情況下的樹，一路下來樹高都是 O(n)！二元搜尋樹越矮效率越高，要壓低樹高、進而將搜尋時間壓至 O(log n)，就得花點工夫平衡樹形，下一節將示範如何平衡二元搜尋樹。

8-3 AVL 樹：平衡樹的一種

　　AVL **樹**是一種自平衡二元搜尋樹 (Self-Balancing BST)，可在**樹狀圖**失衡時自動調整樹形、重新平衡，進而將樹高維持在 O(log n)。前面歪掉的**樹狀圖**加入自平衡機制的話，可能會變成這樣。

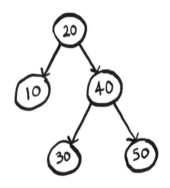

　　AVL **樹**是藉由旋轉來平衡自身，以維持最佳高度 O(log n)。

▌旋轉

　　假設有一棵包含 3 個節點的樹，這 3 個節點中的任一個都能當作**根節點**。

其排列可藉由旋轉部份節點來改變，以下是分解動作。

　　只要將「B」左上的「A」轉到左下，就能把原本以「A」為根的「不平衡樹」，調整成以「B」為根的「平衡樹」。

　　旋轉是 AVL 樹等**樹狀圖**常用的平衡方法，現在示範如何及時阻止樹長歪。一樣從單一節點開始。

　　加一個節點。

　　到目前為止都還好，子節點的高度不完全相同，相差 1。但在 AVL 樹中，相差 1 是可以接受的。現在再加一節點。

哎呀！樹狀圖不平衡了，該旋轉了！

旋轉！　　　　　　　平衡！

把「10」從「20」的左上轉到左下後，**樹狀圖**又恢復平衡了。

再加一個節點。

左右高度
差1可接受

再加一個節點。

該旋轉了！

得再旋轉一次！

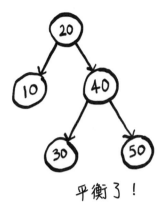

平衡了！

　　呼！透過旋轉，AVL **樹**已經自我平衡了。不過前面的範例怎麼是把「30」轉下去了，改將「20」轉下去不是更對稱嗎？看完以下的例子應該就會懂了。

AVL 樹如何知道何時該旋轉？

　　樹狀圖有無失衡，看兩邊等不等高就知道，但**樹狀圖**本身要怎麼知道？它其實是靠監看各節點的**子樹**高度或**平衡係數** (balance factor，可以是 -1、0 或 1) 等額外資訊變化，才能知道自身有無失衡，進而及時平衡。

上圖僅顯示根節點的**平衡係數**，但實務上得追蹤所有節點的**平衡係數**（稍後會舉例說明）。

各節點的**平衡係數**能反映出左右子樹的高度差，進而觸發**樹狀圖**的自平衡機制：0 代表樹處於平衡狀態；-1 或 1 尚在 AVL 樹的容許範圍，可以先放著。

但如果平衡係數低於 -1 或高於 1，就得重新平衡，下圖是兩棵需要重新平衡的樹。

「左子樹」多兩層!! 　　　「右子樹」多兩層!!

前面提過，**子樹**高度或**平衡係數**擇一儲存即可，有了前者就很容易換算出後者；不過下一頁的**樹狀圖**刻意兩個都儲存，以方便觀察兩個數值變化。

加入一個節點「2」。

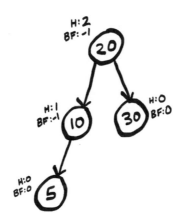

首先，列出各節點的子樹高與**平衡係數**，以下以 H 表示高度，BF 表示平衡係數。

再次提醒，在此儲存兩個數值單純為了觀察其變化，實務上只要擇一儲存即可，請確保能看懂這些數值：所有葉節點的**平衡係數**都是 0，因為它們沒有子節點，當然也不用管平不平衡。

現在新增節點。

新增節點後，得設定其子樹高和**平衡係數**。接著往上走訪，更新所有祖先節點的高度和**平衡係數**。

設定該節點的
高度和平衡係數

向上走訪，更新其祖先節點的高度和平衡係數

啊哈！節點「10」的**平衡係數**變成 -2，所以得把它轉下去！到目前為止，先總結一下前面的內容：AVL 樹是藉由**平衡係數**來得知何時需啟動自平衡機制，所以在插入節點後，得更新該節點的祖先節點的**平衡係數**。現在把節點「10」轉下去。

確認那 3 個節點所屬的子樹回歸平衡後，繼續向上移動查看節點「20」。

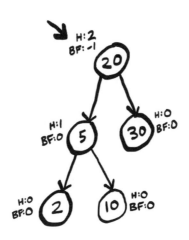

沒有需要更新的地方。實際上也沒必要繼續往上走訪，因為 AVL 樹自平衡只須旋轉一個節點。若想要能自發維持平衡的二元搜尋樹 (BST)，AVL 樹是一個不錯的選擇。現在整理一下前面講過的內容：

● **二元樹**是**樹狀圖**的一種。

● **二元樹**的每個節點最多有兩個**子節點**。

● 二元搜尋樹 (BST) 是二**元樹**的一種，左子樹內的所有值都小於根節點的值，而右子樹內的所有值都大於根節點的值。

● 將二元搜尋樹 (BST) 的樹高維持在 O(log n)，可以發揮出色的效能。

● AVL 樹是自我平衡的 BST，可自動將樹高維持在 O(log n)。

● AVL 樹藉由**旋轉**來平衡自身。

旋轉的實務操作有多種變化，不過本書只介紹最簡單的一種，因為 AVL 樹通常都有現成的函式庫可用，不太需要自己寫。

現在我們知道 AVL 樹的搜尋時間為 O(log n)，那插入呢？ AVL 樹的運作其實跟**鏈結串列**一樣，都是先找插入位置再加指標；以右邊的**樹狀圖**為例，只要先找好「8」的位置，再加上指標即可。因此插入操作的時間複雜度也是 O(log n)。

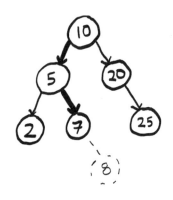

看來本章開頭要找的「兼顧快速搜尋和快速插入」的資料結構，就是**平衡二元搜尋樹**！

	搜尋	插入
已排序陣列	O(log n)	O(n)
鏈結串列	O(n)	O(1)
BST	O(log n)	O(log n)

8-4 伸展樹 (Splay Tree)

AVL 樹是一種基本的平衡二元搜尋樹 (BST)，已經能將許多操作時間控制在 O(log n) 內。而**伸展樹** (Splay Trees) 則是一種特殊的平衡二元搜尋樹 (BST)。如果你最近搜尋過某個項目，那麼下次搜尋起來會更快。聽起來用途蠻廣泛的！舉個例子，假設有個軟體能根據郵遞區號找出對應的城市，如下圖：

可以想像人機互動如下。

假設你反覆查詢相同的郵遞區號。

這樣有點蠢。同樣的郵遞區號，剛查完就忘了？理想的情況應該要像下圖這樣：

使用**伸展樹**就能達到上圖的效果：找出某個節點後，**伸展樹**會自行調整結構，使該節點成為新的根節點；因此當你再次搜尋同一個目標，就能立即找到。一般來說，**伸展樹**會自動將最近查詢過的節點往上移，以便增進其搜尋速度。

然而代價是無法維持**樹狀圖**的平衡，使得某些數值的搜尋時間可能超過 O(log n)、甚至 O(n) 都有可能！此外，若搜尋到的數值不在根節點，就得花點時間旋轉、調整樹形，將該節點變成新的根節點。

但「無法維持平衡」這點還是能妥協的，只要眼光放長遠一點：隨意進行 n 次搜尋的話，總搜尋時間會是 O(n log n)，平均下來單次搜尋時間就是 O(log n)，很妙吧！雖然單次搜尋時間可能會超過 O(log n)，但隨著搜尋次數一多，平均下來一樣可壓到 O(log n)，符合我們要加快搜尋時間的目標。

8-5　B 樹 (B-tree)

B 樹 (B-tree) 是**二元樹**的廣義形式，常用於資料庫。以下就是典型的 **B 樹**。

看起來相當複雜，對吧？某些節點居然有超過兩個子節點。

B 樹容許的子節點數比一般二元樹更多。仔細觀察會發現，大多數節點有兩個鍵，之前的二元樹等樹狀圖可沒有這種東西。

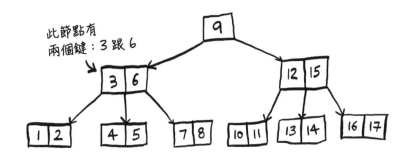

B 樹不僅容許超過兩個子節點，**還能有多個鍵**！這就是為何 B 樹算是二元搜尋樹 (BST) 的廣義形式。

B 樹有何優點？

B 樹其實是針對計算機系統等實體裝置最佳化的資料結構。電腦在搜尋樹狀圖的內容時，必須移動讀寫頭才能搜索資料；讀寫頭移動至特定資料處所需時間稱為**搜尋時間** (seek time)，它對演算法執行效率有很大的影響。

這就像在商店購物，去一次只買一件商品，第一次去只買了牛奶。但回家後才想到也該買些麵包，所以又回到店裡。買完再次回家後，不巧又發現咖啡用完了，又得再跑一次商店。這種購物方式效率超低！還不如事先在家清點好再一次買完。

在這個例子中，開車往返商店就相當於**搜尋時間** (seek time)。**B 樹**的基本概念是，一旦完成搜尋，不妨一次讀取大量資料到記憶體中，也就是說，到了商店後把該買的都買完，而不是多次往返。

B 樹各節點能容許的鍵和子節點數比**二元樹**更多，因此單次讀取每個節點會花更多時間；但每次讀取的資料量更多，可大幅降低搜尋次數，這就是 B 樹比其他結構更快的原因。

對經常得花大量時間從磁碟讀取資料的資料庫來說，**B 樹**無疑是首選的資料結構。稍微注意一下 B **樹**的節點順序，會發現到一個有趣的現象，從左下角出發：

不斷上拐下拐、上拐下拐（像蛇形一樣），就能穿過整個**樹狀圖**。

　　不過它仍保留**二元搜尋樹** (BST) 的特性，鍵與子節點的連接均維持「左小右大」原則：以「3」為例，左側鍵「1」、「2」較小，右側鍵的「4」、「5」較大。

　　另外，各節點鍵數必比子節點數小 1；所以根節點會有一鍵和兩個子節點，而這兩個子節點各有 2 鍵和 3 個子節點。

關於**樹狀圖**的兩章內容到此結束。實務上不太需要自己編寫**樹狀圖**，只要知道**樹狀圖**是圖的一種，而且其效能出色即可。下一章會介紹**加權圖**結構。

8-6 本章摘要

✓ **二元搜尋樹** (BST) 不但有媲美已排序陣列的 Big O 搜尋效能，插入效率也高。

✓ **樹狀圖**的高度決定其搜尋效率。

✓ AVL **樹**是相當常見的**平衡樹**類型，它藉由旋轉來平衡自身。

✓ B **樹**是**二元搜尋樹** (BST) 的廣義形式，各節點可以有多個鍵和多個子節點。

✓ **搜尋時間** (seek time) 相當於往返商店的時間；而 B **樹**會嘗試藉由單次讀取更多資料來節省**搜尋時間**。

MEMO

戴克斯特拉 (Dijkstra) 演算法

9

chapter

本章重點：

- 繼續探討圖形，並說明**加權圖形**（weighted graph）的用法，這種圖形的邊會有不同**權重**（weight）。

- 學習 **Dijkstra's Algorithm**（戴克斯特拉演算法），這個演算法可以找出加權圖形中「哪一條是抵達 x 的最短路徑？」。

- 含有負權重邊的圖形，Dijkstra 演算法無法發揮作用。

第 6 章我們學會用**廣度優先搜尋法** (Breadth-First Search) 找出 A 點到 B 點之間的最短路徑 (如下圖，三個路段是最短的路徑)。

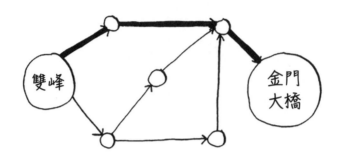

但如果每個路段所花的時間不同的話，那麼這條路徑不一定是最快的，如下圖所示，共要花 29 分鐘 (4 + 21 + 4)。在圖形中標示時間就會發現，其實還有更快的路徑 (如下圖粗線所標示的路徑，只要 24 分鐘)。那麼想要找出最快的路徑該怎麼做呢？這時候就用 **Dijkstra's Algorithm**（**戴克斯特拉演算法**）以最快的方法解決問題吧！

9-1 Dijkstra 演算法
搭配圖形的運作

　　首先，以下圖為例，看看 Dijkstra 演算法如何搭配圖形運作。我們在每個路段 (segment) 都以分鐘為單位標示抵達時間，透過 Dijkstra 演算法就能找出從起點最快抵達終點的路徑。

　　之前用廣度優先搜尋法，得到的是「路段最少」的路徑（如下圖的粗線所標示）。這條路徑如果用每個路段的時間來計算的話，需要 7 分鐘的時間才能抵達終點，有沒有比 7 分鐘快的路徑呢？

我們用 Dijkstra 演算法來找出「時間最短」的路徑吧！其步驟如下：

Step 1 找出「最快」抵達的節點。亦即花最少時間就能抵達的節點。

Step 2 更新這個節點的相鄰節點成本（稍後會說明）。

Step 3 對圖形上的每個節點執行以上兩個步驟。

Step 4 計算出最終路徑。

▌實作操演

從起點開始處理

Step 1 找出「最快」抵達的節點。從起點開始，要去 A 節點還是 B 節點？兩個節點分別需要多少時間？

從起點到 A 節點需要 6 分鐘，從起點到 B 節點只要 2 分鐘。由於還沒決定接下來的路徑，所以還不知道其他節點所需的時間。

分別將從起點到 A 節點及 B 節點的時間，以及到終點的時間記到表格裡。由於還不知道實際抵達終點要多少時間，所以先標記成 ∞（無窮大）符號。

節點	抵達時間
A	6
B	2
終點	∞

從上表可知，B 節點是距離起點最近的節點，只要 2 分鐘就能抵達。

處理 B 節點

Step 2　從 B 節點開始，沿著邊線 (edge) 抵達 B 節點所有外鄰的節點，並計算抵達各節點的時間。

節點	抵達時間
A	5̶ 5
B	2
終點	7

從起點經由 B 節點，到 A 節點只要 5 分鐘 (2+3)

從起點經由 B 節點，到終點需要 7 分鐘 (2+5)

用這個方法，我們找到能更快抵達 A 節點的新路徑。從起點到達 A 節點原本需要 6 分鐘 (如下左圖)。若先通過 B 節點再到 A 節點，就只需要 5 分鐘 (如下右圖)。

從 B 節點通往相鄰節點時，若找到一條更短的路徑，就要更新該相鄰節點的成本。以本例而言：

● 找到一條更快抵達 A 節點的路徑（從 6 分鐘縮短為 5 分鐘）。

● 找到一條更快抵達終點的路徑（從 ∞（無窮大）變成 7 分鐘）。

Step 3 重複上述步驟！

處理 A 節點

再次執行 Step 1：找出花最少時間就能抵達的節點。

我們在剛才的 Step 1 先處理 B 節點，因為 B 節點的所需時間最短（2 分鐘）；而 A 節點的所需時間是第二短的，所以現在要處理 A 節點。

※ **編註**：雖然 A 節點花費時間比 B 節點多，但難保 A 節點接下來的路徑時間會比 B 節點少，所以每一個節點都要算過！

再次執行 Step 2：更新 A 節點的相鄰節點成本。

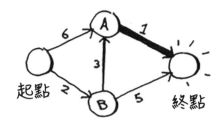

我們已經對所有節點執行 Dijkstra 演算法 (不用對終點執行此演算法)。到目前為止，我們知道：

● 從起點抵達 B 節點 2 分鐘。

● 從起點通過 B 節點，再抵達 A 節點 5 分鐘 (2+3)。

● 從起點通過 B 節點，再抵達 A 節點後，到終點需要 6 分鐘 (2+3+1)。

節點	抵達時間
A	5
B	2
終點	6

現在，我們就可以畫出最快的路徑圖。

▲ 哇！最快只要 6 分鐘就能抵達終點！

若是使用廣度優先搜尋法就不會找到這條路徑，因為這條路徑會經過三個路段，對廣度優先搜尋法而言，會先找行經兩個路段就能抵達終點的最短路徑。

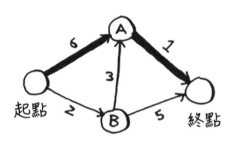

廣度優先搜尋法找到的最短路徑
（圖中標示粗線的路段）

廣度優先搜尋與 Dijkstra 的差異

　　第 6 章使用廣度優先搜尋法，尋找兩點之間的最短路徑，「最短路徑」的定義是行經最少路段的路徑。但是使用 Dijkstra 演算法時，我們在每個路段分配了**權重**（weight），Dijkstra 演算法尋找的是總權重最小的路徑。

加權圖形　　　　　　　未加權圖形
（使用 Dijkstra 演算法）　（使用廣度優先搜尋法）

9-2　專有名詞解釋

接下來將繼續介紹 Dijkstra 演算法的應用範例。在此之前，我們先釐清一些專有名詞：

- **權重 (Weight)**：使用 Dijkstra 演算法時，圖形的每個邊都會分配一個數字，這個數字稱為**權重** (weight)。

※ **編註：**這裡的邊 (edge) 就是之前講的路段 (segment)，有時也稱為邊線。還可以有權重或無權重，可以有方向或無方向。

- **加權／未加權圖形：**含有權重的圖形稱為**加權圖形** (Weighted Graph)；沒有權重的圖形稱為**未加權圖形** (Unweighted Graph)。

加權圖形
(Weighted Graph)

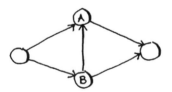

未加權圖形
(Unweighted Graph)

● **迴路 (Cycle)**：要找出「未加權圖形」中的最短路徑，可以用廣度優先搜尋法；若要找出「加權圖形」中的最短路徑，則使用 Dijkstra 演算法。不過，圖形中可能會有**迴路** (cycle) 的情況 (如下圖)。

迴路就是從一個節點出發，經過其他節點繞了一圈後，又回到相同的節點。以下圖為例，要在有迴路的圖形中找出最短路徑。

跟著迴路的路線繞有意義嗎？我們可以選擇避開迴路的路徑。

或是選擇沿著迴路路徑走。

總權重：
13(2+4+4+3)

雖然最後都會回到 A 節點，但是迴路會造成路徑的權重變大。你甚至可以沿著迴路繞兩次。

總權重：
21(2+4+4+4+4+3)

但每繞一次迴路總權重就會增加 8，所以**跟著迴路走絕對找不到最短路徑**。

有向無環圖形 (Directed Acyclic Graphs，DAG)

還記得第 6 章介紹過的**有向圖** (Directed Graph) 和**無向圖** (Undirected Graph) 嗎？

有向圖
(Directed Graph)　　　無向圖
(Undirected Graph)

▼接下頁

無向圖表示兩個節點的關係是雙向的（意思是兩個節點互相指向對方），其實這就是一個迴路！

如上圖所示，無向圖每增加一個邊，就會多一個迴路，所以 Dijkstra 演算法可用在**有向無環圖 (Directed Acyclic Graph，DAG)** 或是無負權重邊（你沒看錯，邊的權重可以是負的）的無環圖；9-4 節將會介紹**負權重邊**，在負權重邊的情況下得改用 **Bellman - Ford 演算法**。

9-3 Dijkstra 應用範例 － 用鋼琴換樂譜

接著，我們要用範例來說明 Dijkstra 演算法。此範例主角是 Rama，他想用樂譜換一台鋼琴。

Alex：「我用海報跟你換樂譜。」

「這是我最喜歡的 Destroyer 樂團海報，或是我用這張稀有的 Rick Astley 的 LP（黑膠唱片）換你的樂譜，再加 5 元。」

Amy：「聽說這張黑膠唱片有首歌超好聽。」

「我用我的貝斯或是爵士鼓跟你換 Destroyer 樂團海報或是黑膠唱片。」

Beethoven：「我一直想要有把貝斯！」

「我用我的鋼琴換 Amy 的任何一樣物品。」

太棒了！只要花一點錢，Rama 就能依照他所想的用樂譜換到一台鋼琴。現在他只需要思考如何用最少的錢完成這些交易。首先把大家要交換的物品畫成圖形。

※　**編註：**上圖的交易金額只是便於範例說明，並非物品的實際價值。

人名	擁有的物品
Rama	樂譜
Alex	海報/黑膠唱片
Amy	貝斯/爵士鼓
Beethoven	鋼琴

　　圖中的每個節點是 Rama 可以交換的物品。邊線上的權重為「完成這項交易所需花費的金額」。他可以付 30 元用海報交換貝斯，或是付 15 元用黑膠唱片換貝斯。Rama 要怎麼做才能花最少的錢用樂譜換到鋼琴呢？

　　這個難題用 Dijkstra 演算法就能解決！還記得 Dijkstra 演算法的四個執行步驟嗎？在此範例中，我們要完成這四個步驟才能算出最終路徑。

節點	成本	
黑膠唱片	5	一開始只能走這兩步
海報	0	
貝斯	∞	從起點（樂譜）沒辦法
爵士鼓	∞	直接抵達這些節點
鋼琴	∞	

在開始之前要做些準備，那就是建立一個記錄所有節點成本的表格。節點成本就是指**到達該節點所需的花費**。

在演算法的執行過程中要隨時更新這張表格，為了計算最終的路徑，還需要一個**父** (parent) 欄位。稍後會說明父欄位的作用，現在先說明演算法。

節點	父欄
黑膠唱片	樂譜
海報	樂譜
貝斯	—
爵士鼓	—
鋼琴	—

Step 1 找出最便宜的節點。這個例子中，海報的金額是 0，所以最便宜。還能用更便宜的方式取得海報嗎？這是非常重要的問題，請仔細想想。你能找出讓 Rama 用比 0 元還低的成本交換到海報的路徑嗎？請先思考這個問題再繼續看下去。答案：沒有，因為海報節點是 Rama 所能到達的節點中成本最低的節點，沒有更便宜的節點了。

為方便理解，再舉一個從不同角度看這個問題的例子，假設從家裡出發到公司。

如果選擇往學校這條路，需要 2 分鐘；如果選擇往公園的這條路，需要 6 分鐘。有沒有哪條路可以在低於 2 分鐘以下的時間經過公園再到學校呢？這是不可能的，因為光是走到公園就超過 2 分鐘了。但如果反過來問，有沒有一條可以更快抵達公園的路呢？有的。

　　這就是 Dijkstra 演算法的關鍵概念。**找出圖形中成本最低的節點**，沒有比這個節點成本還低的節點了。

　　再回到前面樂譜的例子，海報是最便宜的交易 (0 元)。

Step 2 從海報節點找出抵達相鄰節點的成本。

父欄	節點	成本
樂譜	黑膠唱片	5
樂譜	海報	0
海報	貝斯	~~60~~ 30
海報	爵士鼓	~~∞~~ 35
—	鋼琴	∞

上表列出貝斯和爵士鼓的價錢。它們的價錢是在抵達海報後設定的，所以海報節點是它們的父節點 (parent)。意思是必須從海報節點出發沿著邊線才能到達貝斯節點和爵士鼓節點。

父欄	節點	成本
樂譜	黑膠唱片	5
樂譜	海報	0
海報	貝斯	30
海報	爵士鼓	35
—	鋼琴	∞

從「海報」節點抵達這兩個節點

重複執行 STEP 1：以樂譜為起點出發，黑膠唱片是第二便宜的節點，只要 5 元 (最便宜的是 0 元海報)。

重複執行 STEP 2：更新抵達所有外鄰節點的成本。

父欄	節點	成本
樂譜	黑膠唱片	5
樂譜	海報	0
黑膠唱片	貝斯	~~30~~ 20
黑膠唱片	爵士鼓	~~35~~ 25
──	鋼琴	∞

　　更新貝斯和爵士鼓的價錢了！這表示從黑膠唱片出發，可以用更低的成本抵達貝斯或爵士鼓。所以黑膠唱片是貝斯和爵士鼓的**父節點**。貝斯是接下來最便宜的物品，我們來更新它的相鄰節點。

父欄	節點	成本
樂譜	黑膠唱片	5
樂譜	海報	0
黑膠唱片	貝斯	20 (5+15)
黑膠唱片	爵士鼓	25 (5+20)
貝斯	鋼琴	40

(5+15+20)

　　終於可以確定鋼琴的價錢了 (40 元)。這是用貝斯交換鋼琴所得到的價錢，所以貝斯是鋼琴的父節點。接下來要看最後一個爵士鼓節點。

父欄	節點	成本
樂譜	黑膠唱片	5
樂譜	海報	0
黑膠唱片	貝斯	20
黑膠唱片	爵士鼓	25
爵士鼓	鋼琴	35

(5+20+10)

9-18

如果 Rama 用爵士鼓換鋼琴，鋼琴的成本會比較便宜。結論是：若採用最省錢的交換方式，Rama 只需要付 35 元。

現在，我們已經知道最省錢的路徑只需要付 35 元。現在的重點是 35 元是怎麼來的？也就是說這條路徑在哪裡？我們要如何讓演算法找出這條路徑呢？這就是父節點的作用了。首先，從鋼琴的父節點開始。

父欄	節點
樂譜	黑膠唱片
樂譜	海報
黑膠唱片	貝斯
黑膠唱片	爵士鼓
→ 爵士鼓	鋼琴

鋼琴的父節點是爵士鼓。表示 Rama 是用爵士鼓換鋼琴。所以我們要沿著這個邊往回走，來找出最省錢的路徑。

接著，來看看如何沿著邊走。鋼琴的父節點為爵士鼓。

爵士鼓的父節點為
黑膠唱片。

Rama 用黑膠唱片換爵士鼓、用樂譜換黑膠唱片。只要往回追蹤父節點，就能找出完整的路徑了。

右圖是 Rama 一連串的
物品交換過程。

到目前為止，最短路徑正如字面上的意思，就是計算出兩個點或兩個人之間的最短（最省錢）路徑。但實際上最短路徑還含有「將○○最小化」或是「將○○減到最低」的意思。所以我舉 Rama 這個例子來說明如何用最少的錢換到鋼琴。

9-4 負權重邊
(Negative-weight edge)

在剛才的物品交換範例中，Alex 願意用海報或黑膠唱片交換樂譜。

現在 Sarah 向 Rama 提議用黑膠唱片換海報，而且還願意另外給 Rama 7 元，那麼 Rama 在這項交易中不但不用花錢，還能賺到 7 元。我們要如何用圖形表示呢？

黑膠唱片到海報的邊其權重是負的！Rama 如果完成這項交易會賺到 7 元。這麼一來，Rama 有兩條路徑可換海報。

　　選擇第二條路徑較合理，因為 Rama 能賺到 2 元。還記得 Rama 可以用海報換到爵士鼓嗎？他有兩條路徑可選擇。

第二條路徑能省下 2 元，所以 Rama 應該選擇第二條路徑，對吧？
想想看接下來會發生什麼事？若是在這個圖形上執行 Dijkstra 演算法，
Rama 會選到比較貴的路徑。**請記住！Dijkstra 演算法不能處理含有負
權重邊的圖形**。我們來看看如果用 Dijkstra 演算法處理這個圖形會發生什
麼事。首先，建立一份成本表。

接著，找出成本最低的節點，並更新其相鄰節點的成本。以此範例而
言，成本最低的節點就是海報。依照 Dijkstra 演算法的定義來看，沒有比
0 元還要便宜就能取得海報的路徑了 (但你現在知道這種說法是錯的！)。
無論如何，我們先更新海報相鄰節點的成本。

現在爵士鼓的成本是 35 元 (0+35)。

接著，找出尚未處理且第二便宜的節點。

更新黑膠唱片節點的相鄰節點成本。

成本

前面已經處理過海報節點，但是這裡又再次更新海報的成本。這是一個很大的危險訊息，因為節點經過處理就表示沒有比這個節點的成本還要低的路徑了。但是剛才卻找到可以用更低的成本取得海報的路徑！由於爵士鼓沒有相鄰節點，所以演算法到此執行完畢。下圖顯示每個節點的最終成本：

黑膠唱片	5
海報	-2
爵士鼓	35

最終成本

抵達爵士鼓節點需要 35 元成本。雖然我們知道有另一條路徑只要 33 元，但 Dijkstra 演算法卻找不到，因為 Dijkstra 演算法只適用在沒有負權重邊的圖形，所以處理過海報節點後，演算法就會認為沒有更快可以抵達爵士鼓節點的路徑。如果要在有負權重邊的圖形找出最短路徑，那就要改用 **Bellman-Ford（貝爾曼福特）**演算法。Bellman-Ford（貝爾曼福特）演算法不在本書的討論範圍內，若有興趣可自行從網路搜尋相關的資源。

※　**編註：**Bellman-Ford 演算法與 Dijkstra 演算法一樣，可以找出有向圖的最短路徑，其差異在於 Bellman-Ford 可以處理含有負權重的圖形。從使用時機來看，如果邊線上沒有負權重，適合選擇執行時間較快的 Dijkstra；若邊線上有負權重，選擇 Bellman-Ford 可以得到最佳解，但是其執行時間較長 O(V*E)，其中 V 代表**頂點** (vertex)、E 代表**邊** (edge)。

9-5 實作 Dijkstra 演算法

了解 Dijkstra 演算法的運作原理後，我們以下圖為例，帶你用程式碼實作。

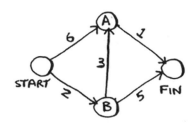

※　**編註：**邊線上的數字以「分鐘」為單位。

此圖形的程式碼會用到 3 個雜湊表。

圖形　　　　成本　　　　父欄

▌建立「圖形」雜湊表

在演算法的執行過程中，記錄成本和父節點的雜湊表會不斷更新。首先要完成圖形的實作，方法和第 6 章一樣，使用雜湊表實作：

```
graph = {}
```

第 6 章，我們將特定節點的所有外鄰節點存入雜湊表內，例如：

```
graph["you"] = ["alice", "bob", "claire"]
```

但本章的範例除了存放外鄰節點外，還要儲存指向外鄰節點的成本（也就是邊線上的權重）。例如，START 有兩個相鄰的節點，分別為節點 A 和 B。

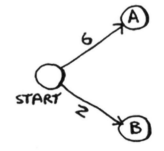

我們要如何記錄這兩條邊的權重呢？不妨再建立一個雜湊表：

```
graph["start"] = {}
graph["start"]["a"] = 6
graph["start"]["b"] = 2
```

graph["start"] 是一個雜湊表。用以下程式碼可以抵達 START 的所有外鄰節點：

```
>>> print(list(graph["start"].keys()))
["a", "b"]
```

從 START 到 A 節點有一個邊，從 START 到 B 節點也有一個邊。要如何找出這些邊的權重呢？

```
>>> print(graph["start"]["a"])
6
>>> print(graph["start"]["b"])
2
```

接著將剩下的節點和它們的外鄰節點加入圖形：

```
graph["a"] = {}
graph["a"]["fin"] = 1

graph["b"] = {}
graph["b"]["a"] = 3
graph["b"]["fin"] = 5

graph["fin"] = {}  ←—— 終點的節點沒有外鄰節點
```

完整的圖形雜湊表如下：

圖形

建立每個節點「成本」的雜湊表

接著，需要一個存放每個節點成本的雜湊表。

成本

每個節點的成本就是從 START 節點抵達這個節點所需要的時間。從 START 到 B 節點需要 2 分鐘，從 START 到 A 節點需要 6 分鐘（或許有更短的路徑）。目前我們還不知道抵達 FIN（終點）要多久時間。在不知道成本的情況下，先放入無窮大符號 ∞。在 Python 裡要怎麼表示無窮大？可以寫成這樣：

```
infinity = float("inf")
```

建立成本雜湊表的程式碼如下：

```
infinity = float ("inf")
costs = {}
costs["a"] = 6
costs["b"] = 2
costs["fin"] = infinity
```

▌建立「父節點」雜湊表

我們還需要另一個雜湊表來存放父節點：

父節點

以下是父節點雜湊表的程式碼：

```
parents = {}
parents["a"] = "start"
parents["b"] ="start"
parents["fin"] = None
```

由於每個節點只需要處理一次，所以最後要建立一個集合來追蹤所有
已處理過的節點：

```
processed = []
```

用 Python 撰寫 Dijkstra 演算法

接下來，就是演算法的部份了。我們將整個流程繪製成下圖：

在此先列出程式碼，稍後再做說明。程式碼如下：

```
node = find_lowest_cost_node(costs)
     ┗━ 這個函式的程式碼在 9-38 頁，現在只要知道它能由
        costs 這個雜湊表中找出成本最低的節點就好了

while node is not None:
     ┗━ 處理完所有節點時，這個 while 迴圈就會結束

    cost = costs[node]
    neighbors = graph[node]
    for n in neighbors.keys() :  ◀━ 處理這個節點的所有外鄰節點
        new_cost = cost + neighbors[n]
        if costs[n] > new_cost:
            ┗━ 如果通過這個節點到達外鄰節點的成本較低，則：

            costs[n] = new_cost  ◀━ 更新這個節點的成本
            parents[n] = node    ◀━ 這個節點會成為外鄰節點的新父節點
    processed.append(node)  ◀━ 將節點存入已處理的集合中
    node = find_lowest_cost_node(costs)

        ┗━ 找出下一個需要處理的節點，並繼續執行迴圈
```

這就是用 Python 撰寫的 Dijkstra 演算法，稍後會再說明函式的內容。在此之前，先看看 find_lowest_cost_node 程式碼是如何運作的。

● 找出成本最低的節點：

● 取得該節點的成本及外鄰節點。

成本為 2 →cost = costs [node]

neighbors = graph [node]

相鄰節點為
雜湊表

圖形

● 檢查每個外鄰節點。

for n in neighbors.keys():

n 為 A

節點清單　A　FIN

鍵　　　值

每個節點都有成本。成本就是從 START 開始抵達該節點所需的時間。以此例而言，若路徑為「START > B 節點 > A 節點」，而非「START > A 節點」，這樣的路徑需要多久時間才會抵達 A 節點。

new_cost = cost + neighbors[n]

B 節點的
成本為 2

從 B 節點到 A
節點的成本為 3

新成本為
5 (2+3)

● 比較成本：

我們找到一條通往 A 節點的更短路徑了。更新成本：

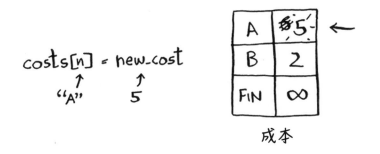

新的路徑會先經過 B 節點，所以 B 節點是新的父節點。

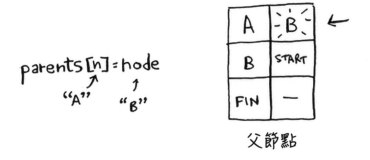

這樣就又回到迴圈的最上面了。用 for 處理下一個外鄰節點，即終點節點。

for n in neighbors.keys():

n 是「FIN」
(終點)

A | FIN

若通過 B 節點前往終點需要多少時間？

new_cost = cost + neighbors[n]

2

B 節點到終點
需要 5 分鐘

2+5
= 7

從 START 通過 B 節點到終點共需 7 分鐘。先前的成本是無窮大，現在的成本是 7 分鐘，7 小於無窮大。

if costs[n] > new_cost:

7

FIN | ∞

成本

之前還不知道抵達
終點的成本

● 更新 FIN（終點）節點的成本和新的父節點。

現在已經更新完 B 節點所有外鄰節點的成本，將 B 節點標示為已處理。

● 找出下一個需要處理的節點：

● 取得 A 節點的成本和外鄰節點。

$$\text{cost} = \text{costs}[\text{node}]$$

$5 \nearrow$

$$\text{neighbors} = \text{graph}[\text{node}]$$

↑

| FIN | 1 |

● A 節點只有一個相鄰節點，那就是 FIN (終點) 節點。

$$\text{for n in neighbors.keys():}$$

↗
"FIN"

| FIN |

　　之前從 START 透過 A 節點抵達 FIN 節點需要 7 分鐘 (6+1)。如果透過 B 節點再透過 A 節點，抵達終點需要多少時間？

$$\text{new\_cost} = \text{cost} + \text{neighbors}[n]$$

↓　　　　　　↓

從 START 通過　　從 A 節點到
B 節點再到 A 節點　FIN 的成本
的成本為 5　　　　為 1

$$\left.\begin{array}{c} 5 + 1 \\ = 6 \end{array}\right\}$$

從 B 節點通過 A 節點會比較快抵達終點，所以要更新成本和父欄。

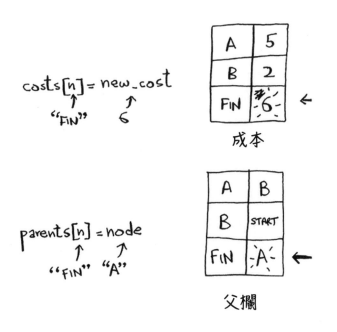

處理完所有節點後，演算法就執行完畢了。希望這樣的逐步解說能幫助你理解 Dijkstra 演算法。用 find_lowest_cost_node 函式就能輕鬆找出成本最低的節點。程式碼如下：

```python
def find_lowest_cost_node(costs):
    lowest_cost = float ("inf")
    lowest_cost_node = None
    for node in costs:     ← 逐一檢查每個節點
        cost = costs[node]
        if cost < lowest_cost and node not in processed:
            └── 如果是目前最低的成本且尚未處理過的節點

            lowest_cost = cost     ← 將該節點更新為最低成本的新節點
            lowest_cost_node = node
    return lowest_cost_node
```

執行結果

```
{'a': 5, 'b': 2, 'fin': 6}
```

完整的程式範例，可開啟 Python\Ch09\01_dijkstras_algorithm.py。

要找到成本最低的節點，每次都要走訪所有相鄰的節點。但其實有一種更有效率的演算法，它使用**優先佇列** (priority queue) 資料結構，優先佇列是建立在 heap 的資料結構上。本書篇幅有限，如果你對優先佇列或 heap 感興趣，可自行 Google 相關說明。

9.1 請問，以下各圖形從 START 到 FINISH 最短路徑的權重分別是多少？

A.

B.

C.

9-6 本章摘要

✓ 廣度優先搜尋法 (Breadth-First Search) 可用來計算未加權圖形中的最短路徑 (路段最少的路徑)。

✓ Dijkstra 演算法可用來計算加權圖形中的最快路徑 (總加權值最小的路徑)。

✓ Dijkstra 演算法只能處理正權重的圖形；若圖形中含有負權重，就要改用 Bellman-Ford (貝爾曼 - 福特) 演算法。

貪婪演算法 (Greedy Algorithm)

10 chapter

本章重點：

- 有些問題無法快速透過演算法來得到答案，這些問題稱為 **NP-Complete**（NP 完備）問題，本章將教你解決這些問題的方法。

- 學習如何分辨 **NP-Complete** 問題，避免浪費時間尋找快速解決問題的演算法。

- 學習**近似演算法**（Approximation Algorithm），這種演算法能快速地為 **NP-Complete** 問題，找出近似的答案。

- 學習貪婪策略，這是一種簡單解決問題的策略。

10-1 排課問題 (Classroom Scheduling Problem)

　　假如想充份利用教室資源，希望盡可能排滿課程，因此列了一份課程表。

課程	開始	結束
藝術	9 AM	10 AM
英文	9:30 AM	10:30 AM
數學	10 AM	11 AM
電腦	10:30 AM	11:30 AM
音樂	11 AM	12 PM

　　由於有些課程時間重疊，所以沒辦法在此教室排入所有課程。

　　要如何挑選才能在這間教室排入最多課程呢？

這個問題聽起來很難，對吧？事實上，只要會用**貪婪演算法** (Greedy Algorithm)，你會發現這個問題非常簡單。來看看怎麼做吧！

1.　首先，找出最早結束的課程，也就是要在這間教室上的第一堂課。

2.　接著，找出第一堂課結束後才開始，而且是最早結束的課程。這個課程就可以排入第二堂課。

3.　依照上述的規則找下去，就會找到答案！

　最早結束的是藝術課 (10:00AM)，所以可以排這堂課。

藝術	9AM	10AM	✓
英文	4:30AM	10:30AM	
數學	10AM	11AM	
電腦	10:30AM	11:30AM	
音樂	11AM	12PM	

　接著，要找出 10:00AM 以後開始且最早結束的課。由於英文課與藝術課衝堂（上課時間重疊），所以不能選英文課，但是數學課可以。

藝術	9AM	10AM	✓
英文	4:30AM	10:30AM	✗
數學	10AM	11AM	✓
電腦	10:30AM	11:30AM	
音樂	11AM	12PM	

繼續排第三堂課，由於電腦課和數學課衝堂，所以不能選電腦課，但是可以選音樂課。

藝術	9AM	10AM	✓
英文	4:30AM	10:30AM	✗
數學	10AM	11AM	✓
電腦	10:30AM	11:30AM	✗
音樂	11AM	12PM	✓

最後，能安排的課程就是：藝術、數學與音樂這三堂課。

| 9 | 9:30 | 10 | 10:30 | 11 | 11:30 | 12 |

藝術　　　　　　數學　　　　　　音樂

很多人認為這個演算法太簡單了，簡單到令人懷疑。但這正是**貪婪演算法 (Greedy Algorithm) 最吸引人的地方！貪婪演算法非常簡單，每個步驟只要挑選出一個最佳選項**即可。以上述的範例而言，每次挑出一堂最早結束的課程，用專業術語來描述就是：每個步驟挑選出一個**局部最佳解** (Local Optimal Solution)，最後就會得到**全域最佳解** (Global Optimal Solution)。不論你是否相信，但這個簡單的演算法確實找出了排課問題的最佳解。

※　編註：貪婪演算法和前幾章學過的演算法不同，它沒有具體的問題解決框架，而是依不同的問題制定策略，所以有人覺得這是很抽象的演算法。其實只要在制定策略時掌握一個重點，那就是每一個步驟都只挑選最有利或是能得到最大好處的結果，就能透過局部最佳解逐步得到全域的最佳解。

貪婪演算法無法解決所有問題，但是很容易撰寫。底下再舉一個例子來說明。

10-2 背包問題
(Knapsack problem)

有個貪心的小偷揹著背包潛入購物中心，他可以偷走任何物品，不過前提是要能放得進背包，他的背包容量為 35 磅。

小偷希望將最有價值的物品裝到背包裡，該用什麼演算法才能達成這樣的目的呢？

就用簡單好用的貪婪演算法吧！小偷擬定的策略如下：

1. 挑選最貴又能放進背包的物品。

2. 挑選第二貴且能放進背包的物品，以此類推。

為了方便說明，假設小偷可以偷走以下三樣物品。

立體聲音響
$3000
30lbs

筆記型電腦
$2000
20lbs

吉他
$1500
15 lbs

由於背包只裝得下 35 磅的物品，這三樣物品中，立體聲音響最貴，偷走它就裝不下其他東西了。

背包容量為 35 磅

浪費 5 磅

立體聲音響 30 磅

價值 $3,000

用貪婪演算法小偷可以得手價值 $3,000 的物品。但是進一步想想！如果偷筆記型電腦和吉他，得手的總價值為 $3,500！

吉他 15 磅

筆記型電腦 20 磅

價值 $3,500

從上述的例子可得知，貪婪策略並沒有找出最佳解（得手 $3,500 的價值），但是已經很接近了。下一章會說明如何計算出正確答案。但是對於溜進購物中心的小偷而言，是不是最完美的方案不重要，只要能接近完美就可以了。

此外，太過追求完美可能反而連好的結果都得不到，有時候我們只需要一個能把問題解決得令人滿意的演算法，那就適合選用貪婪演算法，因為該演算法簡單且容易撰寫，而且還能得到還不錯的結果。

練習

10.1　傢具公司的員工必須將傢具運送到全國各地，因此得將一箱箱的貨品搬到貨車上，但是箱子的大小不一，要如何挑選適當的箱子，讓貨車發揮最佳的利用空間呢？請試試用貪婪策略，看能不能得到最佳的解決方案！

10.2　到歐洲旅遊時，希望能在七天內盡可能遊覽最多景點。你可以事先替每個景點設定一個數值，數值愈高代表愈想去，並估算預計停留時間。要怎麼做才能在這趟旅程中排入最多想去的景點呢？請利用貪婪策略，看能不能得到最佳的解決方案。

再舉最後一個例子，底下這個例子必須用貪婪演算法才能解決。

10-3 集合覆蓋問題 (Set Covering Problem)

有個新廣播節目希望能在全美 50 個州播送，每家電台的訊號會覆蓋多個州，且不同電台覆蓋的州有重疊。每在一家電台播送就得支付一筆費用，若是在所有電台播送，成本會太高，必須盡量降低合作電台的數量。

我們從下圖的電台及訊號覆蓋的州，來看看如何挑選合作的電台。

廣播電台	訊號覆蓋的州
KONE	ID, NV, UT
KTWO	WA, ID, MT
KTHREE	OR, NV, CA
KFOUR	NV, UT
KFIVE	CA, AZ

… 等等 …

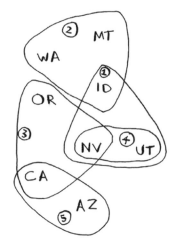

▲ 每家電台會覆蓋特定的區域，不同電台的覆蓋區域有重疊

※ **編註**：上圖各州的名稱是以縮寫來表示，我們將各州縮寫、全名及中文名稱列表如下，方便您做對照。

縮寫	洲名	中文
ID	Idaho	愛達荷州
NV	Nevada	內華達州
UT	Utah	猶他州
WA	Washington	華盛頓州
MT	Montana	蒙大拿州
OR	Oregon	奧勒岡州
CA	California	加州
AZ	Arizona	亞利桑那州

我們要如何找出能覆蓋全美 50 州且最少的合作電台數呢?聽起來不難!但其實很困難。做法如下:

1. 列出各種可能的電台**子集** (subset),所有子集的集合稱為**冪集合** (power set)。假設有 n 個電台,那麼共會有 2^n 種可能的子集。

※ **編註:子集、冪集合**是高中數學知識,若您已經忘記所學,可以用這兩個關鍵字 google 到相關的教學。

2. 從這些子集中挑選出能覆蓋全美 50 州且電台數最少的子集。

問題是得要花很多時間才能算出各種可能的電台子集。因為有 2^n 集合,所以執行時間為 $O(2^n)$。如果只有 5 到 10 家電台在計算上還不成問題。但是當電台很多時,得花多少時間?假設每秒計算 10 個子集。

沒有任何一個演算法處理速度這麼快!我們該怎麼做呢?

電台數量	所需時間
5	3.2 秒 ($2^5/10$)
10	102.4 秒 ($2^{10}/10$)
32	13.6 年 ($2^{32}/10$,再換算成以「年」為單位)
100	4×10^{21} 年 ($2^{100}/10$,再換算成以「年」為單位)

▌近似演算法 (Approximation Algorithm)

要找出能覆蓋全美 50 州且電台數最少的子集，這時就得靠貪婪演算法了！用以下的貪婪策略可以得到非常近似的結果：

1. 選出一家覆蓋最多州的電台，此電台可以包含一些已由其他電台覆蓋的州。

2. 重複上述步驟，直到覆蓋所有的州。

貪婪演算法是一種**近似演算法** (Approximation Algorithm)。當計算最佳解答得花很多時間時，就可以使用近似演算法。是否採用近似演算法可由以下兩點來做判斷：

● 速度快慢。

● 與最佳解答的近似程度。

貪婪演算法的優點在於容易撰寫，而且因為夠簡單，所以執行速度很快。以本例而言，貪婪演算法的執行時間為 $O(n^2)$，n 表示電台的數量。

以下將用 Python 來實作此範例。

▌建立程式碼

以剛才的電台範例來做說明，不過為了避免範例過於複雜，我們只用 5 家電台來舉例。

建立集合 (set)

首先，對訊號覆蓋的州建立一份清單：

```
states_needed = set(["mt", "wa", "or", "id", "nv", "ut",
"ca", "az"])  ←── 將訊號覆蓋的州放入串列，並轉換成集合
```

在此，我們使用了**集合** (set)。集合與串列類似，但是**集合裡不能有重複的項目**。以下方的串列為例：

```
>>> arr = [1, 2, 2, 3, 3, 3]
```

轉換成集合：

```
>>> set(arr)
{1, 2, 3}
```

數字 1、2 和 3 只會在集合內出現一次。

用雜湊表列出各電台所覆蓋的州

接著，還需要列出一份各家電台所覆蓋的州，在此使用雜湊表來實作：

```
stations = {}  ←── 先建一個空字典 (即雜湊表)
stations["kone"] = set(["id", "nv", "ut"])  ←── 放入第 1 組鍵：值
stations["ktwo"] = set(["wa", "id", "mt"])  ←── 放入第 2 組鍵：值
stations["kthree"] = set(["or", "nv", "ca"])  ←── 放入第 3 組鍵：值
stations["kfour"] = set(["nv", "ut"])  ←── 放入第 4 組鍵：值
stations["kfive"] = set(["ca", "az"])  ←── 放入第 5 組鍵：值
```

鍵 (key) 為電台名稱，**值** (value) 為電台所覆蓋的州。本例的 kone 電台覆蓋了 id（愛達荷州）、nv（內華達州）和 ut（猶他州）。這裡將它們放到一個 set 來做為 "kone" 這個 key 的 value。將所有項目都轉成集合會讓整個範例更單純，稍後就會明白為什麼了。

最後，還需要一個集合以存放最後決定合作的電台：

```
final_stations = set()  ← 建立一個空的 set 來儲存最後決定合作的電台
```

計算答案

接著，要計算該選擇哪些電台。請試著從右圖預測看看應該選擇哪些電台。

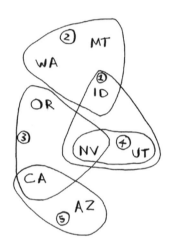

正確答案不止一個。必須逐一檢查每家電台，以「覆蓋最多且尚未被其他電台覆蓋的州」為條件，來選出要合作的電台。我將這些選出的電台稱為 best_station：

```
best_station = None
states_covered = set()
for station, states_for_station in stations.items() :
         ↑              ↑                              ↑
       電台         該電台覆蓋的州         從電台覆蓋字典逐一取 "鍵:值"
```

states_covered 是我們能夠新增覆蓋的最大州群，我們要找出能夠覆蓋最多尚未覆蓋的州的電台。for 迴圈會逐一檢查每個電台，並判斷哪個是最佳電台。for 迴圈的內容如下：

```python
covered = states_needed & states_for_station
```

此行是新的語法，稱為**集合的交集** (intersection)

```python
if len(covered) > len(states_covered) and station not in
    final_stations:
    best_station = station
    states_covered = covered
```

在此有一行有趣的程式碼：

```python
covered = states_needed & states_for_station
```

這行程式碼有什麼特別呢？請看底下的「集合」說明！

集合

這裡分別有一個由水果組成的集合，以及由蔬菜組成的集合。

酪梨 蕃茄 香蕉
水果

甜菜 胡蘿蔔 蕃茄
蔬菜

當有兩個集合時，可以做一些有趣的操作。

▼接下頁

我們可以如下處理水果及蔬菜集合。

屬於水果但不屬於蔬菜的食物

差集

- **集合聯集** (set union)：將兩個集合結合在一起。

- **集合交集** (set intersection)：找出兩個集合共有的項目，以本例而言就是「番茄」。

- **集合差集** (set difference)：將兩個集合相減後的結果。

※ **編註**：對初學者而言，**集合差集**比較難理解，你只要想成「A-(A 與 B 的交集)，這樣就比較容易懂了。以本例而言，就是「水果-(水果與蔬菜的交集)」，水果集合減掉「蕃茄」，就剩下酪梨與香蕉了。

▼接下頁

例如：

```
>>> fruits = set(["酪梨", "蕃茄", "香蕉"])
>>> vegetables = set(["甜菜", "胡蘿蔔", "蕃茄"])
>>> fruits | vegetables    ← 這是集合聯集
set(["甜菜", "胡蘿蔔", "蕃茄", "酪梨", "香蕉"])
>>> fruits & vegetables    ← 這是集合交集
set(["蕃茄"])
>>> fruits - vegetables    ← 這是集合差集
set(["酪梨", "香蕉"])
>>> vegetables - fruits    ← 你覺得結果會是什麼？
```

重點整理：

- 集合與串列類似，但是集合不能含有重複值。
- 集合提供了一些有趣的運算，例如：聯集、交集和差集。

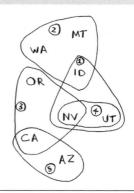

回到程式碼

回到剛才的電台範例程式碼。

這是集合交集：

```
covered = states_needed & states_for_station
```

covered 是 states_needed 與 states_for_station 的集合交集。也就是說，covered 是由該電台覆蓋且未被其他電台覆蓋的州組合起來的集合！接下來，要檢查該電台所覆蓋的州數是否比 best_station 所覆蓋的州還多。

```
if len(covered) > len(states_covered) and station not in
   final_stations:
   best_station = station
   states_covered = covered
```

如果該電台所覆蓋的州數比 best_station 所覆蓋的州還多，那該電台就是新的 best_station。

最後，當 for 迴圈執行結束，要將 best_station 存到最後要合作的電台清單：

```
final_stations.add(best_station)
```

此外，也要更新 states_needed，由於該電台覆蓋了某些州，現在不再需要這些州了：

```
states_needed -= states_covered      ← 做差集運算
```

繼續執行迴圈，直到 states_needed 變成空值，表示 50 州都已覆蓋。以下是迴圈部份的完整程式碼。

```python
while states_needed:
    best_station = None
    states_covered = set()
    for station, states in stations.items():
        covered = states_needed & states
        if len(covered) > len(states_covered) and station
           not in final_stations:
            best_station = station
            states_covered = covered

    states_needed -= states_covered
    final_stations.add(best_station)
```

最後，將 final_stations 的內容列印出來，就會看到以下四家可以合作的電台：

```
>>> print(my_set_covering(states_needed, stations))
```

執行結果

```
{'kone', 'ktwo', 'kthree', 'kfive'}
```

選擇這四家電台，可得到覆蓋最多的州。

電台	覆蓋的州
Kone	id、nv、ut
Ktwo	wa、id、mt
Kthree	or、nv、ca
Kfive	ca、az

這和你原本預期的是否一致？除了選擇電台 1、2、3 和 5，你也可以選擇電台 2、3、4 和 5。

下圖是貪婪演算法和精確演算法的執行時間。雖然貪婪演算法得到的是近似的結果，但是執行時間比精確演算法快上許多。

電台數目	$O(2^n)$ 精確演算法	$O(n^2)$ 貪婪演算法
5	3.2 秒	2.5 秒
10	102.4 秒	10 秒
32	13.6 年	102.4 秒
100	4×10^{21} 年	16.67 分

貪婪演算法執行速度快很多，但不一定能給出最佳解，畢竟**集合覆蓋問題**屬於 **NP 困難問題**；想進一步了解 **NP 困難問題**，請參考附錄 B。

10-4 本章摘要

✓ 貪婪演算法在每個步驟挑出一個最佳解，以期最後達到全域的最佳解。

✓ 遇到 NP-Complete 問題時，退而求其次就是使用近似演算法。

✓ 貪婪演算法容易撰寫且執行速度快，是良好的近似演算法。

動態規劃演算法 (Dynamic Programming Algorithm)

11 chapter

本章重點：

- 學習用**動態規劃**（Dynamic Programming）演算法，將困難的大問題分割成許多小問題，解出小問題的答案後先儲存起來，接著就可以根據小問題的答案來解決原本的大問題。

- 教你用動態規劃演算法來解決新的問題。

11-1 背包問題的最佳解

第 10 章我們討論背包問題時，是用貪婪策略找出最接近的答案，小偷可以得手價值 $3,000 的立體聲音響，不過這樣會浪費 5 磅的背包容量。本章將說明如何計算出最佳解，也就是小偷可以得手最高價值的物品，而且不浪費背包的容量。

為了簡化計算流程，在此假設小偷的背包容量只能裝 4 磅的物品。小偷有 3 樣物品可拿。

立體聲音響
$3000
4lbs

筆記型電腦
$2000
3 lbs

吉他
$1500
1 lbs

要拿走哪些物品，才能得到最高的金錢價值呢？

▌簡單的解決方法

　　用簡單的演算法來算就像這樣：嘗試每一種可能的物品組合，再選出最有價值的組合。

　　用簡單的演算法雖然可以找出答案，但速度實在太慢了。3 種物品就要計算 8 種組合，如果有 4 種物品，就得計算 16 種組合。每增加一項物品，要計算的組合就會增加一倍。這個演算法的執行時間為 $O(2^n)$，速度非常、非常地慢。

3 項物品：

8 種
可能的組合

4 項物品：

16 種
可能的組合

5 項物品：

32 種
可能的組合

32 項物品 = 40 億
種可能的組合！

　　想想看！32 項物品就得計算 40 億種可能的組合，要計算這麼多種組合實在是不符合效益。那麼有更好的方法嗎？答案是：**動態規劃** (Dynamic Programming) 演算法。

動態規劃 (Dynamic Programming) 演算法

　　動態規劃 (Dynamic Programming) 演算法是將困難的大問題分割成許多小問題，當小問題解決了以後，大問題也就解決了。

※　**編註**：這聽起來和其它演算法沒什麼差異？其重點在於，如果這些小問題都是一樣的，我們可以把這些小問題的解答先用陣列存起來，下次遇到同樣的小問題時，就可以快速地從陣列中找出解答，避免一再重複計算，讓程式執行得更快。

　　現在，我們就以背包問題為例，用動態規劃演算法先解決小背包（子背包）的問題，再逐步擴大範圍，直到解決原本的問題。就像下圖分別有 1 磅及 3 磅的小背包，解決這兩個小背包的問題後，也就能解決 4 磅背包的問題了。

動態規劃演算法的概念不易理解，若是感到困惑也不需擔心，我們會陸續用不同範例做說明。

首先帶你透過範例來了解動態規劃演算法的運作方式，第一次看完整個流程，你一定會有不懂的地方，下一節會用問與答的方式，盡可能解決你的疑惑。

請記住！動態規劃演算法的重點就是「用表格做記錄」，表格其實就是代表陣列，把已經計算過的東西放到陣列裡，就可以避免之後不斷地重算。以背包問題為例：

※　**編註：**很多人常常搞不清楚欄、列方向，在此提供一個方便記憶的口訣「直欄／橫列」，這樣就很好懂了吧！

表格的列代表可選擇的物品,而欄則是分別代表背包的容量,從 1 磅到 4 磅。每一欄都是必要的,因為在計算子背包的價值時,會用到這些欄。

表格一開始是空的,必須逐步填滿每個格子。當表格填滿後,就可以得到這個問題的解答了。請務必親手做一遍,先畫出表格再逐步填滿格子。

吉他列

首先,從吉他這一列開始填入數值。

第一列是吉他列,也就是試著將吉他放入背包裡。每個格子代表一個決定:是否要偷吉他?別忘了,小偷的目的是帶走總價值最高的物品組合。

第 1 格的背包容量為 1 磅,吉他也是 1 磅,表示吉他可以放進背包。所以這 1 格的價值是 $1,500,內容物是吉他。開始填入表格吧!

※ **編註**：為了方便查看每一格的價值及內容物，我們除了在每一格標示價格外，也會標示物品的英文單字首字字母。例如：吉他 (Guitar) 會標示 G、立體聲音響 (Stereo) 標示 S、筆記型電腦 (Laptop) 標示為 L。

再看下一個格子。這個背包的容量為 2 磅，一定裝得下吉他 (1 磅)，所以把吉他的價格填入這個格子裡。

接著，對第一列的剩餘格子重複相同步驟。由於這是第一列，所以只有吉他一個選項，先假設現在還不能偷另外兩項物品。

	1	2	3	4
吉他	$1500 G	$1500 G	$1500 G	$1500 G
立體聲音響				
筆記型電腦				

你可能會覺得奇怪，不是要解決 4 磅背包的問題嗎？為什麼要處理 1 磅、2 磅、3 磅的背包問題呢？還記得先前提過動態規劃演算法是把大問題分割成許多小問題，解決完小問題後，就能解決大問題了！這個範例將問題拆解成 1 磅、2 磅、3 磅、4 磅的背包容量，處理完小背包後，自然就能解決大背包的問題了。請繼續看下去！

到目前為止，表格會長這樣：

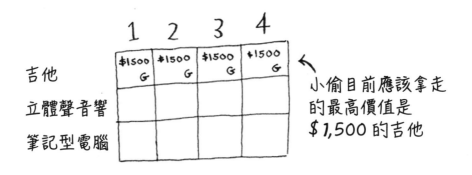

別忘了，背包內的物品要具有最高價值，第一列所呈現的是目前最高價值。也就是說，小偷可以在 4 磅背包內裝入的最高價值是 $1,500。

別忘了，背包內的物品要具有最高價值，第一列所呈現的是目前最高價值。也就是說，小偷可以在 4 磅背包內裝入的最高價值是 $1,500。

小偷目前應該拿走的最高價值是 $1,500 的吉他

不過，這還不是最後的答案，在後續的演算過程中，會繼續更新最高價值。

立體聲音響列

接著繼續填入第二列的值，這是立體聲音響列。意思是除了吉他以外，還可以偷立體聲音響。**不論在哪一列，都可以偷該列或是該列之前的物品**，所以現在還不能偷筆記型電腦，但是可以偷立體聲音響或是吉他。同樣從第一格的 1 磅背包開始，目前能放入 1 磅背包的最大價值是 $1,500。

應該偷立體聲音響嗎？

第一格的背包容量是 1 磅，放得下立體聲音響嗎？放不下，立體聲音響太重了（重 4 磅）！因為放不下立體聲音響，所以 1 磅背包的最高價值還是 $1,500 的吉他。

接下來旁邊的兩個格子也一樣。2 磅及 3 磅的背包也裝不下立體聲音響 (4磅)，它們原先的最高價值為 $1,500，請將最高價值直接往下填入格子。

▲ 因為放不下立體聲音響，所以最高價值不變

繼續看 4 磅的背包容量，耶！可以裝得下立體聲音響！原本裝了吉他最高價值為 $1,500 元，若是不偷吉他改偷立體聲音響，那麼最高價值就變成 $3,000 了。當然要偷立體聲音響啊！

現在更新了預估的最高價值！這就表示，背包容量為 4 磅，至少可以裝進價值 $3,000 的物品。從表格可看出，小偷的預估最高價值正在逐步調高。

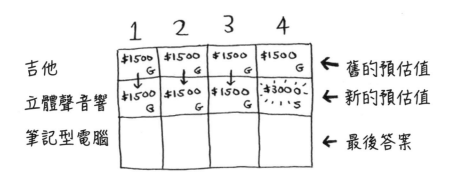

筆記型電腦列

筆記型電腦列同樣也是重複上述的步驟！筆記型電腦重 3 磅，所以無法放進 1 磅及 2 磅的背包裡，所以這兩格的預估價值仍然是 $1,500。

3 磅背包的舊預估值為 $1,500,但是現在可以裝進價值 $2,000 的筆記型電腦,所以新的預估價值更新為 $2,000。

終於來到最後一格囉!這個格子很重要,4 磅背包目前的最高價值為 $3,000,小偷現在可以裝進筆記型電腦 (3 磅),但筆記型電腦只值 $2,000。

$3000 VS $2000
立體聲音響　　　筆記型電腦

如果裝進筆記型電腦,這樣新的預估值會比舊的還要低。咦,等一下!筆記型電腦的重量才 3 磅,所以還可以裝進重 1 磅的物品。

$3000 VS ($2000 + ???)
立體聲音響　　　筆記型電腦　　還有 1 磅的
(4 磅)　　　　(3 磅)　　　　　容量

有什麼價值最高且重 1 磅的物品，可以放入這剩餘的 1 磅空間呢？來看看先前計算好屬於 1 磅的格子。

根據前面的估算結果，吉他可以放入這剩餘的 1 磅空間，吉他的價值為 $1,500。比較結果如下。

剛開始看這個範例時，你可能會覺得納悶，為什麼要計算小背包的最高價值，相信看到最後，你應該已經知道原因了！當遇到有剩餘空間的問題時，就可以從子問題的答案中知道要拿哪些物品來填補，不須再重算一遍。以本例而言，小偷應該偷總價值 $3,500 的筆記型電腦＋吉他！

完成的表格如下。

答案就是：4 磅背包可裝進最高 $3,500 的物品，也就是筆記型電腦＋吉他。

公式

你可能會覺得計算最後一格的公式和其他格不一樣。那是因為一開始在填寫其它格子的價值時，我跳過了一些不必要的複雜過程。其實每一格的公式都是相同的。

$$
\begin{array}{l}
\text{列} \quad \text{欄} \\
\text{格子}[i][j] = \text{最大值}
\begin{cases}
\text{1. 先前的最高價值 (格子 } [i-1][j] \text{ 值)} \\
\qquad\qquad\qquad\qquad vs \\
\text{2. 目前物品的價值 + 剩餘空間能容納物品的價值} \\
\qquad\qquad\qquad\quad \text{格子 } [i-1][j-\text{物品的重量}]
\end{cases}
\end{array}
$$

這個公式可以套用到表格中的所有格子，並計算出所有格子的值。表格最後的結果會和公式計算的相同。

其實動態規劃演算法的重點在於：從之前的陣列（即小問題的答案）來算出後面的問題（較大的問題），所以較大的問題不用從頭算起，可提高程式執行效率。例如下圖有 1 磅及 3 磅的小背包，分別算出這兩個小背包的答案後，就能解決 4 磅背包的問題了。

11-2 背包問題的 Q & A

看完背包問題你可能還是有點疑惑，這一節我們整理了一些常見的 Q&A，幫你解開心中的疑惑。

▌Q1：再加入一項可偷的物品該怎麼處理？

如果發現還有第 4 項物品可偷（例如 iPhone 手機）。這麼一來，是不是要為了這支手機重新計算所有價值呢？

IPHONE
$2000
1lb

不需要！別忘了，動態規劃演算法會持續往上建立預估值，先前計算過的值已經存入陣列中，不需要重新計算。目前的最高價值如下：

	1	2	3	4
吉他	$1500 G	$1500 G	$1500 G	$1500 G
立體聲音響	$1500 G	$1500 G	$1500 G	$3000 S
筆記型電腦	$1500 G	$1500 G	$2000 L	$3500 LG

根據上一節的計算結果，若背包容量為 4 磅，可偷走最高價值 $3,500 的物品（筆記型電腦 + 吉他）。加入 iPhone 後，就會產生新的解答（新最高價值）！

	1	2	3	4
吉他	$1500 G	$1500 G	$1500 G	$1500 G
立體聲音響	$1500 G	$1500 G	$1500 G	$3000 S
筆記型電腦	$1500 G	$1500 G	$2000 L	$3500 LG
iPhone				

↖
新解答

現在來填入 iPhone 這一列的最高價值吧!

從第一個格子開始,iPhone 重 1 磅,所以可以放入 1 磅的背包裡。這個背包原先的最高價值為 $1,500,但 iPhone 的價格為 $2,000,所以在此填入 iPhone 的價值 ($2,000)。

	1	2	3	4
吉他	$1500 G	$1500 G	$1500 G	$1500 G
立體聲音響	$1500 G	$1500 G	$1500 G	$3000 S
筆記型電腦	$1500 G	$1500 G	$2000 L	$3500 LG
iPhone	$2000 I			

第二格的 2 磅背包,除了可放入 iPhone 也可以放入吉他,所以填上這兩項物品的價值。

	1	2	3	4
吉他	$1500 G	$1500 G	$1500 G	$1500 G
立體聲音響	$1500 G	$1500 G	$1500 G	$3000 S
筆記型電腦	$1500 G	$1500 G	$2000 L	$3500 LG
iPhone	$2000 I	$3500 IG		

第三格也只能裝入 iPhone 和吉他，所以跟第二格一樣填入 $3,500。

最後一格就很關鍵了！目前的最高價值是 $3,500。如果只放入 iPhone，會剩餘 3 磅的容量。

$$\$3500 \quad \text{vs} \left(\underset{\text{IPHONE}}{\$2000} + \underset{\text{3 磅的容量}}{???} \right)$$

先前的最高價值

除了 iPhone 外，剩餘的這 3 磅容量可以放入什麼價值高的物品呢？

先前我們已經計算過 3 磅背包的最高價值為 $2,000（筆記型電腦）。現在就不用再重算了，只要將 iPhone ($2,000) 加上 3 磅背包的最高價值 ($2,000)，就是新的最高價值了！

最後完成的表格如下：

	1	2	3	4
吉他	$1500 G	$1500 G	$1500 G	$1500 G
立體聲音響	$1500 G	$1500 G	$1500 G	$3000 S
筆記型電腦	$1500 G	$1500 G	$2000 L	$3500 LG
iPhone	$2000 I	$3500 IG	$3500 IG	$4000 IL

新的解答

想想看：每一欄的價值會不會有減少的狀況？

請先試著想一想這個問題，再繼續往下看。

答案：不會！因為每次迭代 (iteration)，都會儲存目前的最高預估值，後續的預估值不會比之前的預估值還要低。

練習

11.1 假設還有一個重 1 磅、價值 \$1,000 的鍵盤，該不該偷呢？

▌Q2：如果改變「列」的物品順序，最後的答案會不一樣嗎？

假設我們將列的物品順序改成：立體聲音響、筆記型電腦、吉他。那麼表格會變成怎樣呢？請先自己填寫表格，再繼續往下看。

改變列的物品順序後，表格長這樣：

答案完全一樣！這說明了列的物品順序不會影響最後答案。

Q3：物品的填寫方式，能不能以「欄」為主，而非以「列」為主呢？

請自己試試看囉！以小偷這個範例而言，不論將物品放在欄或是列，不會影響結果。但是有可能會影響其它問題的答案。

Q4：如果加入重量較輕的物品，答案會不一樣嗎？

假如還有一條重 0.5 磅，價值 $1,000 的項鍊可以拿。到目前為止，表格內的物品重量都是整數，如果決定偷項鍊，那麼會剩下 3.5 磅的容量。有什麼物品剛好可填滿 3.5 磅，且可以得到最高價值呢？不知道！

目前只計算了 1、2、3、4 磅的背包，我們不知道有什麼物品可以創造出 3.5 磅背包的價值！

為了這條項鍊，必須考量得更細微，表格也要做調整（例如，將背包的容量切割得更細，以 0.5 為間距）。

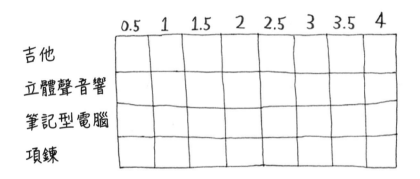

Q5：如果只偷走一袋物品的其中一部份，這樣有辦法計算嗎？

小偷進到雜貨店裡想偷米和豆子，他可以整袋偷走，但是如果背包裝不下，可以打開袋子只偷其中的一部份。所以小偷不是全部拿走，也不是完全不偷，而是只偷其中的一部份。這種情形用動態規劃要如何處理呢？

答案：沒辦法處理！動態規劃演算法只能用在全拿或不拿的情形，不適用在拿取部份的情形。

不過，這種情形倒是可以用**貪婪演算法**來解決！首先，盡可能拿走價值最高的物品，接著，再盡可能拿走價值第二高的物品，依此類推。

藜麥
$6／磅

豆子
$3／磅

米
$2／磅

藜麥的每磅價值最高，所以能拿多少就拿多少！如果背包裝滿了藜麥，這就是最好的選擇。

背包裝滿藜麥

如果藜麥全部拿完後，背包還有空間，那麼就選擇價值第二高的物品（豆子），並以此類推。

▌Q6：安排最佳旅遊行程

要去倫敦度假，但是想參觀的景點很多，沒辦法在兩天的時間內排入所有景點，要怎麼安排才能去最多景點呢！

我們先列出所有想去的景點，以及預計停留時間，並替每個景點設定一個想去指數（數值愈大代表愈想去）。透過這張表格，我們可以排出最佳的行程嗎？

景點	時間	想去指數
西敏寺	0.5天	7
環球劇場	0.5天	6
國家美術館	1天	9
大英博物館	2天	9
聖保羅大教堂	0.5天	8

其實這就是背包問題的翻版！只是將背包容量換成了有限的時間（兩天）。物品項目不是立體聲音響和筆記型電腦，而是換成了想去的景點。所以可以用**動態規劃**演算法來找答案，請依景點及停留時間畫出表格：

請試著將表格填滿。最後決定要參觀哪些景點呢？答案如下。

最後答案：西敏寺、國家美術館、聖保羅大教堂

※ **編註**：為了方便查看每一格的「想去程度」以及「景點」，除了標示「想去程度」的數值外，也會標示景點的英文單字首字字母。

景點	首字字母
西敏寺 (Westminster Abbey)	W
環球劇場 (Globe Theatre)	G
國家美術館 (National Gallery)	N
大英博物館 (British Museum)	B
聖保羅大教堂 (ST Paul's Cathedral)	S

小編補充 動態規劃的過程

如果你能正確填寫表格中的數值,代表你已經學會動態規劃演算法了!如果還不是很熟,可參考以下的提示:

1. **西敏寺列**:西敏寺的停留時間為 0.5 天,第一個格子為 0.5 天時間剛好,所以在這個格子填入想去指數 7。接續的 1、1.5、2 天的格子,排入西敏寺時間也很充裕,所以也填入想去指數 7。

2. **環球劇場列**:環球劇場的停留時間為 0.5 天,但因為想去指數為 6,比西敏寺低,所以第一格填入西敏寺的想去指數 7。

   第二格為 1 天,由於西敏寺與環球劇場的停留時間都是 0.5 天,所以這個格子可排入兩個景點,其想去指數為 (7 + 6 = 13),依此類推。

3. **國家美術館列**:國家美術館的停留時間需要 1 天,所以第一個格子同樣帶入西敏寺的 7。

   第二個格子如果直接填入國家美術館的想去指數,只有 9,但是西敏寺＋環球劇場的想去指數是 13 (7 ＋ 6),所以仍然是填入西敏寺＋環球劇場的想去指數 13。

   第三個格子可排入 1 天＋0.5 天的景點。國家美術館是想去指數最高 (9) 而且停留時間為 1 天的景點;而西敏寺是停留 0.5 天且想去指數最高 (7) 的景點。所以這一格就填入這兩個景點 (9 ＋ 7 = 16)。

   大英博物館及**聖保羅大教堂**列就請依此類推,最後找出的最佳行程為:西敏寺、國家美術館及聖保羅大教堂。

Q7：處理具有相依性的項目

假設去了倫敦後又想去巴黎，所以在景點清單中又加入了幾個景點。

景點	時間	想去指數
艾菲爾鐵塔	1.5天	8
羅浮宮	1.5天	9
巴黎聖母院	1.5天	7

去這些景點需要花很多時間，因為得先從倫敦飛到巴黎。但這樣半天就沒了，如果玩完這三個景點，就需要四天半的時間。

等一下，這樣不對！因為你不需要每去一個景點就得從倫敦飛往巴黎。所以當抵達巴黎後，每個景點只需要一天的時間。實際的旅遊天數是半天的飛行時間加上每個景點的一天時間，總共是 3.5 天而不是 4.5 天。

如果將艾菲爾鐵塔放入背包，那麼羅浮宮就會「變得便宜」，會從 1.5 天變成 1 天。如何將這些資料用動態規劃來表示呢？

※ **編註：** 這裡的意思是指，如果從倫敦飛往巴黎，先參觀艾菲爾鐵塔，那麼會用掉1.5 天的時間 (0.5 天的飛行時間 + 1 天參觀艾菲爾鐵塔的時間)，由於參觀羅浮宮前就已經飛抵巴黎，所以不用再加上 0.5 天的飛行時間，所以參觀羅浮宮只需 1 天時間。

答案：沒辦法用動態規劃來表示。動態規劃之所以厲害是因為它能解決小問題，並根據小問題的答案來解決大問題。動態規劃演算法只適用每個獨立的小問題，不適用於具有相依性 (depend) 的小問題。也就是說，動態規劃演算法無法解決因參觀了艾菲爾鐵塔而更動了羅浮宮，這種具有相依性的問題。

Q8：是否有需要兩個以上的子背包，才能算出答案的情形？

有可能需要偷兩樣以上的物品才能得到最佳答案，但是動態規劃演算法的設計，最多只允許結合兩個子背包，所以不可能會有超過兩個子背包的情況發生。不過子背包可以有自己的子背包。

不能有 3 個
子背包

但是子背包內可以
有自己的子背包

Q9：最佳答案是否可能無法裝滿背包？

答案：有可能。

假設有一顆鑽石可偷，這顆鑽石重 3.5 磅、價值 100 萬元，遠遠超過其它物品的價值，這當然要偷啊！雖然偷了鑽石，背包會剩餘 0.5 磅的容量，但是也沒有其他物品可填滿 0.5 磅的容量了。

鑽石
$100 萬
3.5 磅

11.2 如果打算揹一個容量 6 磅的背包去露營，可以帶去的物品如下，但是每個物品都有各自的重量以及露營的必備指數，數值愈高代表愈重要。

物品	重量	必備指數
水	3 磅	10
書	1 磅	3
食物	2 磅	9
外套	2 磅	5
相機	1 磅	6

請問，哪些是適合帶去露營的最佳組合？

動態規劃演算法的重點

前面透過範例帶你認識動態規劃演算法，相信你已經了解整個運作流程，為了加深所學，我們將重點整理如下：

● 當你試著在有條件限制的情況下找出最佳解答時，動態規劃演算法可以發揮其最大優勢。以背包問題為例，必須在背包容量的限制下，找出最高價值的物品組合。

● 動態規劃演算法適合用在可將問題分割成獨立的子問題，不適合用在具有相依性 (depend) 的子問題。

要推導出動態規劃的答案並不容易,而這也是本章的重點內容。以下提供三項要領:

● 每個動態規劃解答都一定會用到表格 (編註:可用陣列實作表格達到 O(1) 的效率)。

● 一般來說,目的是將每個格子的值最佳化。以背包問題為例,每個格子的值就是物品的價值。

● 每個格子都是一個子問題,所以應該思考如何將原本的問題分割成小問題。這樣才有助於判斷表格的欄及列應該放什麼項目。

11-3 最長共用子字串 (Longest Common Substring)

接著,我們來看一個字典網站的範例。每當有人輸入單字,dictionary.com 就會回傳該單字的定義。

但如果使用者拼字錯誤，網站就得推測正確的字。Alex 原本想要搜尋 fish，但是不小心輸入成 hish。字典裡雖然沒有 hish 這個字，但會列出與這個字相似的所有單字。

與 HISH 相似的字：

· FISH

· VISTA

在此只是做個小示範，所以只列出兩個相似的單字，事實上相似的單字可能有幾千個

Alex 輸入了 hish，但他原本想輸入的是 fish 還是 vista 呢？

建立表格

這個問題的表格會長怎樣呢？請先回答下列問題：

● 每個格子的價值是多少？

● 這個問題要如何分割成子問題？

● 表格的欄和列代表什麼？

動態規劃的目的在於得到最大化。而此範例我們希望找出這兩個字的**共用子字串** (common substring，substring 是指連續的字母，中斷的不算)。hish 和 fish 的共用子字串是什麼？hish 和 vista 的共用子字串又是什麼呢？這就是本範例要處理的問題。

別忘了，格子裡的值就是要最佳化的對象。以此範例而言，格子裡的值會是數字，也就是兩個單字最長共用的子字串長度。

要如何將這個問題分成子問題呢？你可以從比較子字串開始著手，先比較 his 和 fis，而不是 hish 和 fish。每個格子會記錄這兩個單字的最長共用子字串長度。這也暗示著表格的欄和列可能是兩個要比較單字。所以表格應該會長這樣：

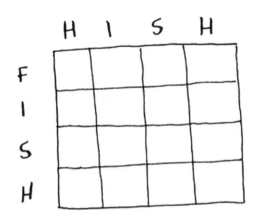

到目前為止，你可能看不懂這個問題的說明，不過沒關係，這原本就是不易理解的概念，所以才會放在本章最後一節，接下來透過詳細說明，你就能理解了！

▌填寫表格

知道表格怎麼畫之後，那麼填入格子的公式是什麼呢？剛才已經對答案做了一點提示，那就是 hish 和 fish 的共用子字串為 ish，其長度為 3。

不過，只有這個提示，仍然不知道公式是什麼？

事實上，沒有什麼簡單的方法可以用來計算這個問題的公式。只能透過不斷地嘗試，努力找出能用的公式。對於有些問題，演算法沒辦法提供精準的指示，只能提供一個架構，讓使用者以此為基礎，執行自己的想法。

　　請試著找出這個問題的解答。在此提供一個線索：部份格子的內容如下表所示：

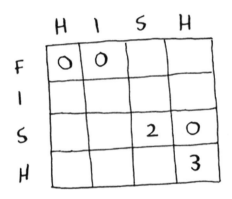

　　其它格子的值會是什麼呢？別忘了，每個格子都是一個子問題的值。為什麼格子 (3,3) 的值是 2 呢？為什麼格子 (3,4) 的值是 0 呢？

※　**編註：**格子 (3,3) 表示 (列，欄)，也就是指第 3 列、第 3 欄。

　　請先想出一個公式後，再繼續看下去。即使沒有答對，過程也有助於理解後面的說明。

▌解答

最後，表格填入的值如右：

以下是我填入每個格子的公式：

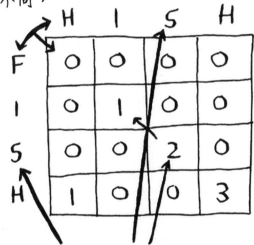

1. 如果字母不同，
   值為 0

2. 如果字母相同，值為
   左上方格子的值 + 1

公式的虛擬碼如下：

```
if word_a[i] == word_b[j]  ◄─────── 字母相同
    cell[i][j] = cell[i-1][j-1]+1
else  ◄─────── 字母不同
    cell[i][j] = 0
```

hish vs. vista 的表格如下：

請注意！這個問題的最終解答不一定是在最後一格。背包問題的最終解答一定出現在最後一格。但是**最長共用子字串問題其答案是方格裡的最大數字**，所以未必是在最後一格。

再想想原先的問題：哪個字串與 hish 最相似（相同的字母最多）？hish 和 fish 的共用子字串長度為 3，而 hish 和 vista 的共用子字串長度為 2。

所以，演算法猜測 Alex 原本是要輸入 fish。

最長共用子序列 (Longest Common Subsequence)

假設 Alex 不小心輸入 fosh，那麼他原本是想輸入 fish 還是 fort 呢？

我們用最長共用子字串的公式做比較。

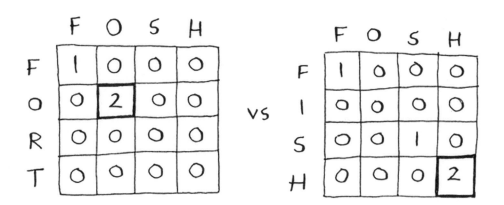

上圖中兩個字串的共用子字串長度都是 2，但是 fosh 比較接近於 fish (從下圖的字母數可看出來)。

$$
\begin{array}{c}
\text{F O S H} \\
\downarrow \quad \downarrow \ \downarrow \\
\text{F I S H}
\end{array} = 3
$$

$$
\begin{array}{c}
\text{F O S H} \\
\downarrow \downarrow \\
\text{F O R T}
\end{array} = 2
$$

上圖比較的是最長共用子字串，但實際上應該要比較**最長共用子序列** (Longest common subsequence)，意思是兩個單字共用序列中的字母數。那麼最長共用子序列如何計算呢？

Fish 和 fosh 的部分格子內容如下表所示：

請試試看能不能想出這個表格的公式。最長共用子序列與最長共用子字串很相似，公式也相似。請先自己找出這個問題的答案，我稍後會公布答案。

▊最長共用子序列 -- 解答

下圖是最終的表格：

以下是我填入每個格子的公式：

與左上方相鄰格子比較

1. 若字母不同，以較大值為主
   (編註：與最大共用子字串演算法
   不同，字串斷掉，下一格不歸0)

2. 若字母相同，就將左
   上方相鄰的格子值 +1
   (與最長共用子字串一樣)

公式的虛擬碼如下：

```
if word_a[i] == word_b[j]:  ←——————— 字母相同
    cell[i][j] = cell[i-1][j-1] + 1
else:  ←——————————————————————— 字母不同
    cell[i][j] = max(cell[i-1][j], cell[i][j-1])
```

恭喜你解決這個問題了！這是本書最難理解的章節。

現實生活中真的會用到動態規劃嗎？會的：

● 生物學家會用最長共用子序列找出 DNA 序列的相似處，藉此分辨兩種動物或疾病之間的相似程度。最長共用子序列也應用在尋找多發性硬化症 (multiple sclerosis) 的治療方式。

● 你是否用過比較差異 (diff) 的功能（例如 git diff）？ diff 就是使用動態規劃演算法指出兩個檔案之間的差異。

※ **編註：** git 是一種「分散式的版本控制系統」，而 git diff 是 git 中用來比對兩個版本差異的命令。在命令後面加上不同參數，可比對不同的內容。例如：git diff --cached、git diff -staged、……等。

● 以上探討了字串的相似度。有種演算法叫 **Levenshtein Distance**（萊文斯坦距離演算法，或稱「編輯距離演算法」），它就是運用動態規劃來測量兩個字串的相似度。這種演算法的應用很廣，從拼字檢查到檢視使用者是否上傳受著作權保護的資料，都會用到該演算法。

練習　11.3　請繪製一個表格，計算 blue 和 clues 的最長共用子字串。

11-4 本章摘要

✓ 當你試著在有條件限制的情況下找出最佳解答時，動態規劃演算法可以發揮其最大優勢。以背包問題為例，必須在背包容量的限制下，找出最高價值的物品組合。

✓ 動態規劃演算法適合用在可將問題分割成獨立的子問題，不適合用在具有相依性 (depend) 的子問題。

✓ 每個動態規劃解答都一定會用到表格 (編註：可用陣列實作)。

✓ 動態規劃的目的是將每個格子的值最佳化。以背包問題為例，每個格子的值就是物品的價值。

✓ 每個格子代表一個子問題，所以如何將原本的問題分割成小問題就是關鍵。

✓ 動態規劃的解答沒有一定的計算公式。

MEMO

K-最近鄰演算法 (K-Nearest Neighbors Algorithm)

12 chapter

本章重點：

- 學會用 **K-最近鄰演算法** (K-Nearest Neighbors Algorithm，KNN) 來建立分類系統。

- 認識**特徵提 (萃) 取** (Feature Extraction)。

- 學會用**迴歸** (Regression) 做預測，例如，預測明天的股價，或是會員對電影的喜好程度。

- 了解 K-最近鄰演算法的使用案例及限制。

12-1 柳橙和葡萄柚的分類

你覺得這個水果是柳橙還是葡萄柚呢？通常葡萄柚比較大也比較紅。

我的思考邏輯是這樣的：在我腦海裡有一張如下的圖：

○：柳橙
G：葡萄柚

通常葡萄柚比較大也比較紅。而這個水果又大又紅，應該是葡萄柚。

但是如果還有一個像這樣的水果呢？

這個神秘的水果要分到哪一類呢？你可以觀察相鄰的水果，也就是看看離這個水果最近的 3 個水果是什麼。

相鄰的柳橙比葡萄柚多，所以這個水果可能是柳橙。

剛才我們就是用 **K- 最近鄰演算法** (K-Nearest Neighbors Algorithm，KNN) 來完成分類。KNN 這個演算法非常簡單：

1. 有 1 個新的水果要分類

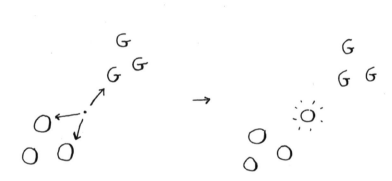

2. 觀察與這個水果最相鄰　　　3. 相鄰的柳橙較多，所以這個
　　的 3 個水果　　　　　　　　水果可能是柳橙

　　KNN 演算法既簡單又實用，當遇到分類問題時，不妨先試試 KNN。接下來舉幾個實例讓你更了解其運作方式。

12-2 建立電影推薦系統

Netflix 想打造一個會員電影推薦系統。從不同角度來看，這個例子與剛才的葡萄柚問題類似！

先將所有會員畫成以下的圖形：

這些會員是依相似度繪製的，也就是將喜好類似的會員畫在一起。假設要推薦電影給 Priyanka，可以先找出離她最近的五位會員。

Justin、JC、Joey、Lance 和 Chris 對電影的喜好很相似。所以他們喜歡的電影，Priyanka 應該也會喜歡！

有了這張圖後，就能輕鬆打造推薦系統了。如果 Justin 喜歡某部電影，就可以將這部電影推薦給 Priyanka。

你可能會喜歡：

1. Justin看了一部電影

2. 他喜歡這部電影

3. 推薦給 Priyanka

目前依會員對電影的喜好相似性來畫圖，可是要怎麼知道會員的相似程度呢？

特徵提取 (Feature Extraction)

在先前的葡萄柚範例中，是依據水果的大小和顏色來比較，所以大小和顏色就是拿來做比較的特徵 (feature)。假設有以下 3 個水果，我們可以如下提（萃）取特徵：

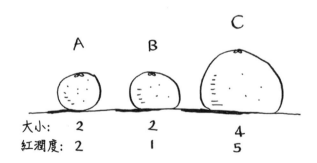

	A	B	C
大小：	2	2	4
紅潤度：	2	1	5

依據這 3 個水果的特徵，用下面的座標圖來呈現。

從上圖可得知，水果 A 和水果 B 類似，但是它們到底有多接近呢？可用**畢氏定理** (Pythagorean theorem) 公式來計算兩點之間的距離。

畢氏定理的公式：

$$\sqrt{(x_1 - x_2)^2 + (y_1 - y_2)^2}$$

假設水果 A 和 B 的距離如下：

$$\sqrt{(2-2)^2 + (2-1)^2}$$

$$= \sqrt{0+1}$$

$$= \sqrt{1}$$

$$= 1$$

A 和 B 之間的距離是 1。我們可以用同樣的公式算出其他距離。

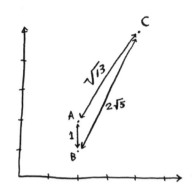

　　距離公式可以證明我們先前觀察的結果是對的,也就是水果 A 與 B 是相似的。

　　如果要比較的對象不是水果而是 Netflix 的會員,那就需要用特定的方法繪製圖形。我們要把會員用座標來標示,就像之前將水果用座標標示一樣。

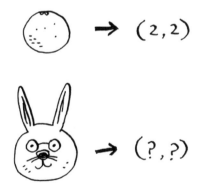

　　將會員圖形化後,就可以計算會員之間的距離了!

我們用以下的方法將會員轉換成一組數字。當會員登入 Netflix 時，請會員依個人喜好，對特定類型的電影做評分。這樣 Netflix 就能藉此取得每位會員對各類型電影的評分了。

	PRIYANKA	JUSTIN	MORPHEUS
喜劇	3	4	2
動作	4	3	5
劇情	4	5	1
恐怖	1	1	3
愛情	4	5	1

Priyanka 和 Justin 喜歡愛情片但是討厭恐怖片。Morpheus 喜歡動作片，但是討厭愛情片（他討厭好好的動作片，被老套的愛情戲給毀掉）。之前在柳橙和葡萄柚的例子裡，每個水果都用 2 個數字來表示；在這個例子裡，每個會員都用 5 個數字的座標來表示。

$$\bigcirc \rightarrow (2,2)$$

$$\rightarrow (3,4,4,1,4)$$

數學家會說，這只是從原本的二維空間轉換成五維，但不論二維還是五維，使用的距離公式都一樣。

$$\sqrt{(a_1-a_2)^2 + (b_1-b_2)^2 + (c_1-c_2)^2 + (d_1-d_2)^2 + (e_1-e_2)^2}$$

差別就在於從原本的 2 個數字變成 5 個數字而已。

距離公式的應用很彈性，即使是由 100 萬個數字所組成的座標，也可以用同樣的距離公式來算出距離。不過你可能會問：「如果有 5 個數字，那麼算出來的距離到底代表什麼呢？」，其實算出來的距離代表這 5 個數字的相似程度。

$$\sqrt{(3-4)^2 + (4-3)^2 + (4-5)^2 + (1-1)^2 + (4-5)^2}$$
$$= \sqrt{1+1+1+0+1}$$
$$= \sqrt{4}$$
$$= 2$$

上圖是 Priyanka 和 Justin 之間的距離。

Note 前面用來形容葡萄柚的 (2, 2) 或 Priyanka 對電影喜好的 (3, 4, 4, 1, 4)，像這樣的數字陣列稱為**向量**。如果你在閱讀有關機器學習的論文時，看到向量一詞，指的就是像這樣的數字陣列。

Priyanka 和 Justin 的喜好相似。那 Priyanka 和 Morpheus 之間的距離呢？請先試著算出他們的距離，再繼續往下閱讀。

Priyanka 和 Morpheus 的距離是 $\sqrt{24}$，你算對了嗎？距離透露出，Priyanka 的喜好與 Justin 比較接近，與 Morpheus 差比較遠。

既然如此，要推薦電影給 Priyanka 就很簡單了，只要是 Justin 喜歡的電影就推薦給 Priyanka，反之亦然。電影推薦系統就這樣完成了！

Netflix 會不斷地提醒會員：「請多多為電影評分，評分愈多，推薦的電影愈符合你的喜好！」，現在終於知道為什麼 Netflix 會這麼做了吧！評分的電影愈多，Netflix 就越能精準地判斷哪些會員的喜好與你相似。

※　**編註：**本章以 Netflix 的推薦系統為例來說明 KNN 的運作，但實際上 Netflix 是採用協同過濾 (Collaborative Filtering) 的方式來運作。

12.1 上述的 Netflix 例子，使用距離公式計算兩位會員之間的距離。但是並非所有會員對電影的評分方式都一樣。假設 Yogi 和 Pinky 這兩位會員對電影的喜好相同。Yogi 只要覺得好看的電影，每部都評為 5 顆星，但是 Pinky 比較挑剔，只把 5 顆星留給最棒的電影。雖然他們的喜好相似，但以距離公式的結果來看，他們卻未相鄰。請問如何將他們的評分方式納入考量呢？

12.2 假設 Netflix 建立了一個「意見領袖」的群組，而 Quentin Tarantino 和 Wes Anderson 是 Netflix 的意見領袖，他們的評分比重比一般會員重要。請問要如何調整推薦系統才能突顯意見領袖的評分重要性呢？

▌N 要選多大呢？

雖然我們一直以 5 位會員為例，但 5 這個數字其實沒什麼特別之處，也可以用 2 位會員，或 10 位甚至 1000 位。這就是為什麼這個演算法叫做 K- 最近鄰演算法 (KNN)，而不是 5- 最近鄰演算法 (5NN)。

> **小編補充** K 的值到底是 2 或是 5 或是 1000 呢？K 值如果太小（例如 1），那會受偶然因素（雜訊）影響，因為只和一點比對，客觀性太低，偏差（bias）會變大，K 值如果太大，則把不相關的點都納進來，準確率會降低。

12-3 迴歸 (Regression)

除了推薦電影的功能外，Netflix 還想加入其他功能，例如反過來，預測 Priyanka 對電影的評分。同樣可以參考離 Priyanka 最近的 5 個人。

如果想預測 Priyanka 對**歌喉讚** (Pitch Perfect) 這部電影的評分，可以先參考 Justin、JC、Joey、Lance 及 Chris 的評分。

JUSTIN : 5

JC : 4

JOEY : 4

LANCE : 5

CHRIS : 3

將他們 5 位的評分平均後，會得到 4.2，這就叫做**迴歸** (regression)。K- 最近鄰演算法 (KNN) 基本上就是在進行**分類**和**迴歸**這兩件事：

● **分類** (Classification) 就是歸類成群組 (例如：進行水果的分類)。

● **迴歸** (Regression) 就是預測結果 (例如：預測出一個數值)。

迴歸非常實用，我們再舉一個例子來說明。假設你在美國的 Berkeley 經營麵包店，由於每天都要供應新鮮的麵包，所以你得預測每天要烤多少麵包，因此列出了以下幾個特徵 (影響因素)：

● 天氣好壞，等級由 1 到 5 (1 = 差；5 = 很好)。

● 週末或平日？ (1 = 週末或假日；0 = 平日)。

● 當天是否有比賽？ (1 = 是；0 = 否)。

你也記錄了以往在不同特徵組合下，可以賣出多少麵包。

A. $(5, 1, \emptyset) = 3\emptyset\emptyset$ 條麵包   B. $(3, 1, 1) = 225$ 條麵包

C. $(1, 1, \emptyset) = 75$ 條麵包   D. $(4, \emptyset, 1) = 2\emptyset\emptyset$ 條麵包

E. $(4, \emptyset, \emptyset) = 15\emptyset$ 條麵包   F. $(2, \emptyset, \emptyset) = 5\emptyset$ 條麵包

假設今天是週末 (值為 1)，而且是好天氣，但沒比賽 (值為 0)，根據上面的資料，今天能賣多少麵包呢？我們用 KNN 演算法來算看看。首先，找出距離這個點最近的四個相鄰點 (K=4)。

$$(4, 1, \emptyset) = ?$$

天氣好壞 ↗   ↑ 週末或平日   ↖ 是否有比賽

從下圖列出的距離來看，A、B、D 和 E 為最近的四個點。

A. 1 ←
B. 2 ←
C. 9
D. 2 ←
E. 1 ←
F. 5

將 A、B、D 和 E 這幾天賣出的麵包數加總平均後，得到 218.75 條麵包。這樣你就知道今天要烤幾條麵包了！

※ **編註：** 218.75 是怎麼算的呢？就是將 A、B、D 和 E 加總後再除以四，(300 + 225 + 200 + 150) / 4。

小編補充 Coding Interview 要點：尋找座標上最接近原點的某幾個點

上述介紹 KNN 演算法的各種應用，由於稍嫌複雜，一般初學者要實作出來並不容易。在 Coding Interview 的測驗，若要考 KNN 的概念，也不會考這麼難，通常會請你寫程式，將給定座標上的所有點（二維串列表示），依照使用者輸入的數量回傳離原點最近的某幾個點。

這題只要懂得利用 12-2 節所介紹的公式來計算距離，就不難解了。你可以建立一個函式來計算離原點的距離：

```
def distance_from_origin(point):
    return point[0]**2 + point[1]**2
```

然後將題目給的串列重新依距離排序，再挑出指定數量的前幾個點就可以了。詳細的程式碼可以搜尋「K Closest Points to Origin」，或使用 **Bonus** 介紹的 GPT 刷題機器人來求解。

餘弦相似度 (Cosine Similarity)

到目前為止,我們都是用距離公式比較兩位會員之間的距離。但這是最好的公式嗎?是否還有更適合的公式呢?其實,還有另一個選擇,就是**餘弦相似度** (Cosine Similarity)。

假設有兩位喜好相似的會員,但是其中一人對評分較為保守。他們都喜歡 Manmohan Desai 導演的 **Amar Akbar Anthony** 電影。Paul 給五顆星,但是 Rowan 只給四顆星。如果用距離公式計算,這兩位會員的喜好類似,但是可能不會彼此相鄰。

餘弦相似度不是計算兩個向量之間的距離,而是比較兩個向量的角度,所以適合上述的情境。不過,餘弦相似度不在本書的討論範圍內,當你使用 KNN 時,建議你花點時間瞭解餘弦相似度的原理。

慎選特徵

為了建立推薦制度,Netflix 請會員對特定類型的電影評分,但是如果讓會員對貓咪的照片評分,會有什麼結果呢?這樣只會找到對貓咪照片評分的會員而已,對推薦系統毫無幫助,大概只有粗糙的推薦引擎才會這麼做,因為這些「特徵」(feature) 與電影的喜好一點關係也沒有!

或者,要求會員對電影評分以便為他們推薦電影,卻只要求他們對**玩具總動員** (Toy Story)、**玩具總動員 2** 和**玩具總動員 3** 評分的話,這樣也無法得知會員對電影類型的喜好!

※ 編註:因為**玩具總動員**、**玩具總動員 2** 和**玩具總動員 3**,都是同一類型 (動畫類) 的電影,這樣的評分沒有意義。

使用 KNN 時，選擇正確的特徵進行比較是非常重要的。所謂正確的特徵是指：

● 要與推薦的電影有直接相關的特徵。

● 特徵不能偏頗 (例如，只要求會員對喜劇電影評分，這樣就不知道他們喜不喜歡動作片)。

你覺得透過評分來推薦電影是好方法嗎？可能我對**全面啟動** (Inception) 的評分比**金髮尤物** (Legally Blonde) 還高，但實際上我花較多時間看**金髮尤物** (Legally Blonde)。請問如何改善 Netflix 的電影推薦系統呢？

再回到麵包店的例子，請分別舉例說明兩個正確的特徵和兩個不正確的特徵。如果你刊登了廣告，那麼可能需要準備更多麵包？或是需要在星期一準備更多麵包？

選擇特徵時沒有一定的標準答案，必須將各種不同情況都納入考量後，再做決定。

 12.3 Netflix 有數百萬會員，前面以 5 位距離最近的會員為例來建立推薦系統，請問這樣的數量太少還是太多？

12-4 機器學習簡介

KNN 是非常實用的演算法，也是進入機器學習領域的入口。機器學習的目的是讓電腦變得更聰明。前面說明的推薦系統就是機器學習的應用之一，接著，我們再看看其他的範例吧！

█ OCR

光學字元辨識 (Optical Character Recognition，OCR) 是指將影像中的文字轉換成電腦能夠識別的電子訊號。Google 就是透過 OCR 技術將書本內容數位化。

那麼 OCR 是怎麼運作呢？以底下這個數字為例：

要辨識這個數字，可以用 KNN 來處理：

1. 瀏覽大量的數字影像，並從中提取這些數字的特徵。

2. 當有新的影像需要辨識時，提取新影像的特徵，並檢視與新影像最接近的相鄰影像！

這個問題與先前提到的柳橙和葡萄柚問題一樣。一般而言，OCR 演算法用在量測直線、點和曲線。

同理，要辨識新的數字時，就可以如上圖所示，提取該數字的特徵。

OCR 的特徵提取要比上述的水果例子複雜許多。但重點是，即使再複雜的技術也能以 KNN 這種簡單的概念來建構。相同的概念也可以應用到語音辨識或是臉部辨識。將照片上傳 Facebook 時，系統有時會自動用標籤自動標示照片中的人，這就是機器學習的應用！

進行 OCR 辨識的第一步是**特徵提取** (Feature Extraction)，也就是讀取大量的影像並提取特徵，這個步驟是將影像轉換為機器學習演算法可以處理的格式。接下來的步驟稱為**訓練** (training)，訓練模型來識別影像中的數字，大部分的機器學習演算法都有訓練步驟，意思是電腦必須先完成訓練才能執行任務。

接下來，再舉一個過濾垃圾郵件的範例。

▌建立垃圾郵件過濾器

垃圾郵件過濾器採用了**單純貝式分類器** (Naive Bayes classifier) 的演算法。首先，你必須用一些資料先訓練單純貝式分類器。

<table>
<tr><td align="center">主旨</td><td align="center">垃圾郵件？</td></tr>
<tr><td align="center">"請重新設定密碼"</td><td align="center">非垃圾郵件</td></tr>
<tr><td align="center">"你中了1百萬元"</td><td align="center">垃圾郵件</td></tr>
<tr><td align="center">"將你的密碼傳給我"</td><td align="center">垃圾郵件</td></tr>
<tr><td align="center">"生日快樂"</td><td align="center">非垃圾郵件</td></tr>
</table>

如果收到一封主旨為「立即領取你的 1 百萬！」的郵件，這會是垃圾郵件嗎？先將這個句子拆開成單詞，然後檢視每個單詞出現在垃圾郵件中的機率有多高。在這個簡單的模型裡，「百萬」只出現在垃圾郵件內。單純貝式分類器會計算某個項目是否為垃圾郵件的機率。單純貝式分類器的應用與 KNN 類似。

單純貝式分類器也可以用來分類水果。例如，有個又大又紅的水果，是葡萄柚的機率有多高？單純貝式分類器是一種既簡單又有效的演算法！

小編補充 單純貝氏分類器 (Naive Bayes classifier)

在機器學習的領域中，**貝氏定理** (Baye's Theorem)，被應用在「用已知事件的發生機率，來預測未知事件的機率」，以幫助未知事件做分類。例如，某個信件主旨含有「特價」這個詞，用貝氏定理就可以計算出是廣告信的機率。

但是如果直接使用貝氏定理，會大幅增加計算成本，為了降低計算成本，我們將各個事件簡化為互相獨立的事件，以簡化貝氏定理，這種由簡化後的貝氏定理所產生的分類器就稱為**單純貝氏分類器**。

想更進一步了解貝氏定理與單純貝氏分類器，可參考旗標出版的「機器學習的數學基礎：AI、深度學習打底必讀」一書。

預測股票行情

要預測股票的漲跌是機器學習很難辦到的事。我們要如何從股票市場提取有效的特徵呢？「如果有人說昨天股價上漲，所以今天還會繼續漲。」，這是正確的特徵嗎？又或者「有人說五月股票一定會跌。」，真的會這樣嗎？沒有人能保證用過去的數字就能準確地預測未來。預測未來是很困難的事，尤其是在多個變數下，幾乎是不可能的任務。

12-5 機器學習的模型訓練

看完以上的例子，總結一下機器學習模型的訓練步驟。首先要**收集資料**，在 Netflix 的例子中，資料是來自使用者的電影評分。接著要**清理資料**，也就是清除不良的資料。例如，有些使用者懶得花時間評分電影，就乾脆隨機亂點評分以便進入下一個畫面，這種資料最好從資料集中移除，接著就是從資料中**提取特徵**。

提取特徵後，就可以開始訓練模型了。選擇KNN、SVM 或神經網路等模型，用 90% 的資料進行訓練，保留剩餘的 10% 來驗證模型效能，確認其預測準確率符合需求。

例如,我們想測試 Netflix 推薦模型,為測試其準確率,可以問它 Priyanka 喜不喜歡某些電影和節目:

模型預測如下:

之前保留的 10% 資料中,有記錄 Priyanka 的電影喜好,將其與模型預測相比。

不錯嘛！模型預測結果跟 Priyanka 的實際喜好很接近，準確度稱得上不錯。該測試階段又稱為**驗證**或**評估**模型。

評估模型後，得決定要不要回頭再做調整，此步驟為**參數調整** (parameter tuning)。例如，一開始訓練的 KNN 模型採用參數 K=5；訓練完覺得模型效能還有改進空間，改用 K=7 重新訓練再評估。

完成模型的訓練和評估後，就能讓模型正式上線了！以上就是打造機器學習模型的基本步驟。

12-6 本章摘要

讀完本章後，希望你對 KNN 和機器學習能有個初步的概念。機器學習是個有趣的領域，值得深入研究。

✓ KNN 基本上就是在進行**分類**和**迴歸**這兩件事。

✓ **分類** (Classification) 就是歸類成群組 (例如：進行水果的分類)。

✓ **迴歸** (Regression) 就是預測結果 (例如：預測出一個數值)。

✓ 特徵提取是指將一個項目 (例如水果或會員)，轉換成可以互相比較的數字。

✓ 篩選出正確的特徵是讓 KNN 演算法能順利運作的關鍵。

特徵提取

進階之路：
推薦十種演算法

13
chapter

本章重點：

- 簡述本書前面未涵蓋的 10 種演算法及其用途。

- 根據你的興趣決定後續的進修方向。

13-1 線性迴歸
(Linear Regression)

假設你有間 3,000 平方英尺（約 84 坪）的房子要賣，你可以參考附近最近售出的房產行情。

A.	B.	C.
1,000 平方英尺 20 萬美金	2,000 平方英尺 25 萬美金	4,000 平方英尺 30 萬美金

根據這些資訊，你會如何替房子定價？你可以採取以下的方法，先將 3 筆資料繪製成圖。

接著畫一條線通過這些點。

你會看到 3000 平方英尺落在那條線上的位置（介於 200k ～ 300k 之間），這可以作為房子售價的參考。

這就是**線性迴歸** (Linear Regression) 的原理。給定一組資料點，它會找出一條最適合這些點的直線，你可以根據這條線進行預測。

線性迴歸在統計學領域發展已久，現在也被廣泛應用於機器學習，因為它易學易用。如果你的數值是連續的，想根據現有資料做預測，線性迴歸是不錯的選擇。

13-2 反向索引 (Inverted index)

第 5 章我們介紹雜湊表時提到一般是用「鍵」(key) 來尋找「值」，本節所要介紹的**反向索引** (Inverted index) 剛好相反，是用「值」來找「鍵」，反向索引是搜尋引擎或文件檢索系統常用的資料結構，底下用簡單的例子來說明：

假設有 A、B、C 三個網頁 (鍵)，每個網頁各記錄了一些單字 (值)，其內容如下圖所示：

若建立成雜湊表也就是下圖的樣子：

上圖雜湊表的「鍵」是網頁，例如，網頁 A、網頁 B、網頁 C；而「值」是每個網頁裡的單字。如果使用者搜尋了 HI，則搜尋引擎就會利用反向索引，由「值 (HI)」反向查得「鍵 (A、B)」，顯示 HI 出現在 A 和 B 網頁了。

反向索引雜湊表

▲ 找到 HI 了，HI 出現在 A 和 B 網頁，系統將找到的網頁呈現給使用者

假如使用者搜尋「THERE」，利用反向索引就會知道這個單字出現在 A 網頁和 C 網頁中。沒有想像中困難吧？這是很實用的資料結構，透過雜湊表將單字對應到顯示的位置。如果對搜尋有興趣，可以進一步研究反向索引。

13-3 傅立葉轉換 (Fourier transform)

　　傅立葉轉換 (Fourier transform) 是非常優秀的演算法，不僅效能佳而且用途廣泛，已經有百萬個以上的使用案例。在 Better Explained[※]（以深入淺出的方式解析數學）網站中，有很多傅立葉轉換的比喻，例如：拿出一杯優格，傅立葉轉換會解析出它的成分。或是唱首歌，傅立葉轉換就會將它分解成個別的頻率。

※　**註：**您可以連到 Better Explained 網站，參考由 Kalid 發表的「An Interactive Guide to the Fourier Transform」，https://betterexplained.com/articles/an-interactive-guide-to-the-fourier-transform/。

　　這個簡單的概念，有很多應用案例。例如，如果可以將一首歌分成多個頻率，那就可以增強或抑制某個頻率，你可以依喜好來增強低音、降低高音。傅立葉轉換非常適合處理訊號，也可以用來壓縮音樂。首先將音訊檔分解成個別頻率，再由傅立葉轉換判別每個頻率對整首歌的比重，依據這些判別剔除掉不重要的頻率。MP3 格式就是這樣運作的！

　　數位訊號不只有音樂一種，JPG 檔案格式是另一種數位訊號壓縮格式，運作原理與音樂相同。此外，還有人試圖用傅立葉轉換來預測地震和分析 DNA。

　　傅立葉轉換也能打造像 Shazam 這樣的音樂辨識軟體（猜猜看正在播放的是什麼歌）。傅立葉轉換的應用範圍很廣泛，任何人都有機會用到。

13-4 平行演算法 (Parallel Algorithm)

接下來的三個主題都與擴充性以及處理大量資料有關。過去，電腦的處理器 (CPU) 發展速度驚人，當時若想要提升演算法的速度，只要等幾個月的時間升級硬體，電腦本身的運算速度就能提升了。但是，現在的筆電和桌機除了提升 CPU 運算速度，更往多核心的處理器發展，若要提升演算法的速度，就必須運用平行演算法，才能夠真正發揮多核心處理器的優越能力！

例如，排序演算法最快的執行速度約為 O(n log n)，除非是使用**平行演算法** (Parallel Algorithm)，否則要在 O(n) 的時間內完成陣列排序是不可能的！此外，**快速排序法** (Quick Sort) 有平行化的版本，可以在 O(n) 的時間內完成陣列排序。

平行演算法很難設計，即使將筆記型電腦的核心從一個提升為兩個，並不代表演算法的執行速度會提升為兩倍。原因如下：

● **平行性的管理上限**：假設要排序含有 1,000 個元素的陣列。如何將排序任務分給兩個核心處理呢？每個核心是否分別處理 500 個元素，再將兩個排序好的小陣列合併成一個排序好的大陣列呢？別忘了，合併兩個陣列也需要時間。

- **阿姆達爾定律** (Amdahl's law)：以繪圖為例，假設手繪一張圖大約要 20 小時，但你想要在 10 時內完成，所以決定把繪圖流程拆成 (i) 打草稿和 (ii) 著色兩個步驟。打草稿時若有現成範本照著描，會比徒手畫快很多，應該能省不少時間吧？但是當你下次繪圖時，仍然要花 19 小時 5 分鐘才畫完！這是為什麼呢？打草稿從 1 小時大幅縮短到 5 分鐘，但要花 19 個小時的著色階段根本沒有被最佳化。

  這就是所謂的**阿姆達爾定律**。阿姆達爾定律指出，對系統做部份最佳化時，性能提升的幅度受限於該部份實際花費的時間。這個例子，是將打草稿的時間縮短成原來的 1/12，節省了 55 分鐘；如果能將著色時間縮短成相同的比例，將可省下 1,045 分鐘！當你透過平行化來加速演算法時，得慎重考慮要平行化哪個部份（著色還是草稿）？

- **負載平衡** (Load balancing)：假設有 10 個任務要執行，每個核心各分配 5 個任務。A 核心分配到的任務都是比較容易處理的，所以在 10 秒內就執行完畢。但是 B 核心分配到的都是比較難的任務，耗時 1 分鐘才處理完成。這表示當 B 核心還在工作時，A 核心閒置了 50 秒。要如何平均地分配工作，才能讓兩顆核心的工作負載相同呢？

  如果對效能和**可擴展性** (scalability) 的理論有興趣，可深入研究平行演算法！

13-5 MapReduce

　　分散式演算法 (Distributed Algorithm) 是一種特別的平行演算法，而且應用愈來愈廣泛。如果只需要用 2 ～ 4 顆核心來運算，那麼在筆記型電腦上執行平行演算法就已經足夠。但如果需要同時在很多台電腦上的數百顆核心做平行運算時該怎麼辦？這時就得使用分散式演算法。MapReduce 是很受歡迎的分散式演算法。可與 Apache Hadoop 開放原始碼工具套件一起搭配使用。

▊分散式演算法的適用時機

　　假設我們要對資料表執行複雜的 SQL 查詢，但是該資料表是由數十億或好幾兆資料列所組成，無法用 MySQL 來執行，因為在執行幾十億列之後會超出負荷，遇到這種情形我們會用具有 MapReduce 功能的 Hadoop 來執行！

　　當你要處理 100 萬個任務，每個任務需要 1 秒的處理時間，如果只在一部電腦上執行，需要 10 幾天才能處理完成！但同時分散在 1000 台電腦上執行，就能在 10 幾分鐘內處理完畢。分散式演算法適合用在處理大量工作的場合。

　　本書不會深入探討分散式演算法，網路上有很多相關的教學可參考，您可以自行搜尋。

小編補充 **MapReduce 的應用**

看完前面的 MapReduce 說明，你可能還是不太懂實際的運作，底下舉兩個例子來說明，應該就會比較有概念了。MapReduce 簡單來說就是將原本龐大的運算任務拆成好幾個相同的子任務，並分散 (map) 到各處去做運算，接著再將處理好的子任務收回，重新組合 (reduce) 在一起並輸出。

假設某一連鎖超商要盤點庫存，如果總公司只派一個人逐店盤點，不但曠日廢時而且幾乎不可能！因為在台中盤點時台北的庫存已經更動了（進了貨又賣了貨）。所以總公司的做法是把一張列好庫存品項的 Excel 表發給各店長，約定某日（如：12/31）營業後各店同時盤點，將各品項的庫存量填入 Excel 表，再傳回總公司。最後總公司的會計只要把各 Excel 表加總就可以了！

再舉一個例子，選舉時中央選委會會把選票和選舉人名冊分送 (map) 到各縣市的選委會再分送 (map) 到各投票所，各縣市的選民會在戶籍地投票，當投票時間截止，各地的投票所就會開始計票，最後將所有投票所的每位候選人票數加總起來 (reduce)，再傳回各縣市選委會，各縣市選委會再加總 (reduce) 各個候選人的票數，最後傳回中央選委會加總 (reduce)，算出最終結果。試想，如果全國只有一個投開票所（一台電腦），那要投開票到何年何月？

更多 MapReduce 的說明，可參考 https://www.youtube.com/watch?v=b-lvmXoO0bU&t=235s（在影片的 1:32 秒左右有選舉計票的例子）。

13-6 布隆過濾器 (Bloom filter) 和 HyperLogLog

每當有使用者張貼連結時，Reddit 論壇（編註：類似台灣的 PTT）的管理者會檢查之前是否貼過相同的連結。因為從未發表過的貼文才具有話題性，所以得先檢查是否有人貼過。

Google 搜尋引擎的運作也需要建立網頁索引 (index)，建立索引時需要爬取 (crawl) 網頁資料，Google 只希望爬取尚未爬過的網頁，所以得先判別哪些網頁已經爬取，哪些還沒有爬過。

又或者，bit.ly 網站（提供短網址轉換服務）擁有一份「不安全的網站」清單，網站管理者不希望將使用者導向到任何有安全疑慮的網站，所以在轉址前必須先核對網址是否在這份清單中。

這些範例有共同的問題，那就是都有非常龐大的資料。

假設有個新網址，想知道該網址是否屬於惡意網址，就可以用雜湊演算法快速找到答案。另外，假設 Google 有個大型的雜湊表，其「鍵」代表所有曾經建立索引的網址 (如下圖)。

想確認 adit.io 這個網站是否已建立索引，可從雜湊表查詢。

$$adit.io \longrightarrow YES$$

▲ adit.io 是雜湊表的「鍵」，表示已經建立索引了！

adit.io 如果在雜湊表內就表示已經建立索引了，雜湊表的平均查詢時間是 O(1)，只用常數時間就能找到答案。很棒吧！

不過，缺點是這個雜湊表非常龐大，Google 每天會建立幾億個網站索引。如果雜湊表儲存了所有已建立索引的網址，將會佔用大量空間。Reddit 和 bit.ly 同樣也有儲存空間的問題。當有龐大的資料要處理時，就得花點巧思。

布隆過濾器 (Bloom Filter)

布隆過濾器 (Bloom Filter) 是一種**機率資料結構** (Probabilistic Data Structure)，提供的解答可能是對的，也有可能是錯的。除了使用雜湊外，也可以問布隆過濾器是否已經替某個網址建立索引。雜湊表的答案是「絕對準確的」，但是布隆過濾器只提供「可能」正確的答案：

● 可能會發生**誤肯定** (false positive are possible)。例如，尚未替某個網址建立索引，但 Google 可能顯示「已對此網址建立索引」。

● 不可能發生**誤否定** (false negative aren't possible)。例如，如果布隆過濾器判斷尚未替該網址建立索引，那就可以肯定還沒有替此網址建立索引。

　　布隆過濾器的優點在於佔用空間非常少，因為雜湊表必須儲存所有 Google 建立的索引，但是布隆過濾器不需要這麼做。布隆過濾器適合用在不需要精準答案的場合。例如，bit.ly 這個網站只要跟使用者說「我們覺得這有可能是惡意網站，請小心！」這樣就夠了。

HyperLogLog

　　與布隆過濾器類似的演算法還有 **HyperLogLog**。假設 Google 要統計使用者的搜尋次數，又或者 Amazon 想統計使用者當日瀏覽過的品項有多少。回答這些問題都得佔用很大的空間！以 Google 為例，必須先對所有的搜尋建立一個記錄檔，當使用者搜尋某個項目時，必須與記錄檔做比對。如果記錄檔裡沒有這個項目，就要將該項目加入記錄檔內，光是一天的記錄量就非常可觀了！

　　HyperLogLog 會對集合內的不同元素取近似值。和布隆過濾器一樣只提供非常近似的答案，而不提供準確答案。同樣地，佔用的空間非常少。

　　如果你需要處理大量資料，而且不需要百分之百正確的答案，不妨瞭解一下這些機率演算法！

13-7 HTTPS 與迪菲赫爾曼 (Diffie-Hellman) 金鑰交換

　　HTTPS 是 HTTP 傳輸協定的安全版本，能夠確保從輸入密碼到線上購物的交易安全。HTTPS 透過加密用戶端和伺服器之間的訊息來運作。以下是加密的運作原理：將訊息 (message) 和金鑰 (key) 輸入到函式中，產生加密訊息 (encrypted message)。

　　要解密訊息，只要將加密後的訊息和相同的金鑰輸入到函式中，即可得到原始訊息。

當用戶端傳送訊息到伺服器時，瀏覽器會自動加密訊息，伺服器收到後會自動解密。聽起來似乎很簡單？但是該如何確保瀏覽器和伺服器擁有相同的金鑰？

要讓 HTTPS 運作，雙方必須擁有相同的金鑰。但是要如何在不被他人攔截的情況下，協商出一個共同的金鑰呢？如果直接將金鑰傳送給伺服器，可能會被攔截。如何確保只有你的瀏覽器和伺服器知道所使用的金鑰呢？這看似不可能，但確實可用 Diffie-Hellman **金鑰交換**來做到。這個巧妙的演算法運作原理如下。

第一步，各自產生**私鑰**。用戶端要產生一個自己的**私鑰**。伺服器也要產生一個**私鑰**。兩邊相互不知道對方的**私鑰**。

為了讓讀者容易了解金鑰交換的過程，這裡以不同**圖樣** (pattern) 表示不同金鑰，但實際上金鑰會使用位元組 (bytes) 表示。

第二步，用戶端及伺服器產生一個共同圖樣。

這個共用圖樣並未加密，雙方及有心監看的人都看得到，不過被看到也沒關係。

第三步，雙方各自將公開的共用圖樣重疊到各自的**私鑰**上。這樣雙方就得到了**公鑰** (public key)。公鑰是公開的（未加密），雙方與有心監看的都能看到，不過被看到也無所謂。

第四步，將伺服器傳來的**公鑰**重疊到自己的**私鑰**上。伺服器與用戶端兩邊都要執行相同的操作。

兩邊各自將手上的三種圖樣（自己的**私鑰**、對方的**公鑰**、**共用圖樣**）重疊，居然能產生一樣的**金鑰**，超神奇的！

由於演算法經過巧妙設計，即使雙方在完全沒有交換金鑰的狀況下，依然能得出同樣的**金鑰**。以上就是 **Diffie-Hellman 金鑰交換**的運作原理，此方法得出的**金鑰**就是所謂的**共享金鑰** (shared secret)。

共享金鑰
相同的圖樣

用戶端　　　　　伺服器

HTTPS 和相關術語

HTTPS 是日常生活中不可或缺的重要技術，相關術語整理如下：

- **TLS（傳輸層安全性）**：這是一種協定，用於建立安全連線。

- **SSL**：SSL 是 TLS 的前身，但很多人常常分不清兩者差異；有人以為自己說的是 SSL，實際上可能是 TLS。這些協定多少都有安全漏洞，必須不斷更新；TLS 協定的最早版本於 1999 年推出，在這之前出現的 SSL 版本都存在漏洞。

- **Symmetric key encryption（對稱金鑰加密）**：加密與解密均採用相同金鑰；若加密解密採用不同金鑰，則為 asymmetric key encryption（非對稱金鑰加密）。HTTPS 用的就是對稱金鑰加密。

HTTPS 採用的**臨時 Diffie-Hellman 金鑰交換** (ephemeral Diffie-Hellman key exchange) 是 **Diffie-Hellman 金鑰交換**的改良版，其運作原理如前所述，只是每次連線都得重新產生私鑰；這樣即使駭客破解其中一個私鑰，也只能解密同一連線的訊息。

密碼學領域既寬廣又有趣，若想了解更多，強烈推薦 Manning 出版的另一本書：由 David Wong 所著的《真實世界密碼學》(Real-World Cryptography，https://www.manning.com/books/real-world-cryptography)。

13-8 局部敏感雜湊 (Locality-Sensitive Hashing)

大部份的雜湊函式屬於非局部敏感 (locality insensitive) 性質，例如，某字串以 SHA-256 產生的雜湊值為：

$$dog \rightarrow cd6357$$

如果改變了字串中的某個字元，那麼再次產生雜湊，就會截然不同。

$$dot \rightarrow e392da$$

這個機制可以防止駭客透過比對雜湊來破解密碼。

但有時候我們反而不希望雜湊有太多變化，這時候就是**局部敏感雜湊**函式登場的時候了，而 Simhash（類似雜湊）也可以在此時派上用場。小幅度修改字串後，Simhash 所產生的雜湊只有些許不同。這樣就能透過比較雜湊，確認兩個字串間的相似度，這是非常實用的雜湊函式！以下是幾個實例：

- Google 在建立網頁索引時，會用 Simhash 偵測是否有重複。

- 老師可以用 Simhash 確認學生是否從網路抄襲論文。

- Scribd（一家文件分享網站）允許使用者上傳文件或書籍與他人分享。但是 Scribd 不允許使用者上傳受著作權保護的內容！例如，該網站會用 Simhash 檢查上傳的內容是否與哈利波特的書相似，如果相似，則自動拒絕上傳。

   Simhash 非常適合用來比對兩個項目的相似度。

13-9 最小堆積 (min heap) 和優先佇列

　　最小堆積 (min heap) 是使用**樹狀圖**建構的資料結構，能將大量數值以**堆積** (heap) 的形式儲存。典型的**最小堆積**如右圖所示。

　　最小堆積的最小值一定位於**根節點**，所以只需 O(1) 時間即可取得最小值。

或者，在 O(log n) 時間內，你可以將最小值從堆積中移除，並用一個新的最小值替換它的位置。

堆積讓排序變得非常容易，只需要不斷找下個最小值。

不斷將**樹狀圖**內的最小值移除，直到清空為止，就能得到遞增排序的數字串列！這種演算法稱為**堆積排序** (heapsort)。**最大堆積** (max heap) 與**最小堆積** (min heap) 很相似，只是**根節點**變成最大值。

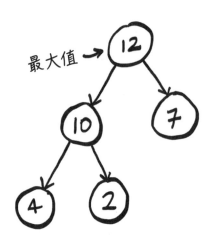

　　優先佇列非常適合以**堆積**來實現。我們在第 6 章中介紹了**佇列**資料結構，佇列是一種 FIFO（先進先出）的資料結構（相對地，**堆疊**是一種 LIFO（後進先出）的資料結構）。**優先佇列**也是佇列，只是從中提取元素時，它會根據優先權決定先給哪個。

　　待辦事項清單應用程式就是典型的**優先佇列**：只要輸入各種待辦事項，它就會依照優先程度安排處理順序。**戴克斯特拉演算法**搭配**優先佇列**也可提昇效能。

13-10 線性規劃 (Linear Programming)

線性規劃 (Linear Programming) 是我覺得最酷的演算法。線性規劃適用在受限的條件中獲取最大效益 (取得最大值)。

假設有間公司只生產襯衫和手提包兩種產品。襯衫需要 1 公尺的布和 5 顆鈕扣；手提包需要 2 公尺的布和 2 顆鈕扣。目前的原料只有 11 公尺的布和 20 顆鈕扣。一件襯衫的利潤為 2 美元，一個手提包的利潤為 3 美元。請問應該生產幾件襯衫和手提包才能獲得最大的利潤呢？

公司希望獲得最大利潤，但是卻受限原料的數量，這就是一個線性規劃的問題。

再舉一個例子，有位政治家希望贏得最多選票。根據研究顯示，平均需要工作 1 小時 (行銷、研究等等) 才能得到舊金山市民的一票；而要獲得芝加哥市民的一票，平均需要工作 1.5 小時。為了贏得選舉，政治家至少要得到 500 張舊金山市民的票和 300 張芝加哥市民的票。競選時間只有 50 天。每說服一位舊金山市民的成本是 2 美元，而每說服一位芝加哥市民的成本是 1 美元。選舉預算為 1,500 美元。請問舊金山加上芝加哥共可以獲得幾票？

這個問題的目標是盡可能得到最多選票，但是卻受限於時間和成本，這也是個線性規劃的問題。

你可能會感到疑惑：「前面的章節提到很多最佳化的主題，這和線性規劃有什麼關係呢？」，其實所有圖形演算法都可以用線性規劃來取代。線性規劃就像一個廣義的架構，而圖形問題是這個架構下的一個子集。是否讓你大開眼界了呢？

線性規劃採用了**單形演算法** (Simplex Algorithm，或稱「單純形法」)。這是一種很複雜的演算法，所以不在本書的討論範圍裡。如果對最佳化有興趣，可以深入研究線性規劃！

13-11 結語

本章藉由這 10 種演算法的介紹讓讀者一窺演算法的奧妙，並鼓勵大家繼續探索演算法的世界。我認為最好的學習方法就是找個有興趣的主題，然後深入研究。看完本書你已經奠定良好的基礎，可以繼續鑽研更深入的主題了。

AVL 樹的效能

appendix

本附錄主要是補充說明 AVL 樹的效能，在閱讀本文之前，請先讀完第 8 章關於 AVL 樹的部份。

先前提到 AVL 樹理論上可將搜尋速度提昇至 O(log n)，但有個小地方要釐清。以下兩個**樹狀圖**的搜尋效能都是 O(log n)，但兩者高度不同！

完美平衡樹
15 個節點
高度：3

AVL 樹
15 個節點
高度：4
(虛線圈圈為空的葉節點)

AVL 樹允許高度相差 1，這就是為什麼這兩棵樹同樣都是 15 個節點，但完美平衡樹的高度為 3，而 AVL 樹的高度為 4。完美平衡樹會在每一層都塞滿節點後才能增加新的一層；而 AVL 樹雖然也被認為是「平衡的」，有時卻會在節點還沒塞滿時就多一層（產生空隙）。

請記住，**樹狀圖**的效能與高度密切相關，如果這兩棵樹的高度不同，如何提供相同的效能？事實上，我們還沒有討論過 log n 的底數！完美平衡樹的搜尋速度為 O(log n)，其中「log」是以 2 為底的對數，因為其原理跟**二元搜尋法**一樣（請參考下圖）。塞得滿滿的完美平衡樹，其節點數會是 1+ 兩倍高度。因此，高度為 1，代表有 3 個節點；高度為 2 則有 7 個 (3*2+1) 節點，高度為 3 則有 15 個 (7*2+1) 節點，依此類推。換言之，你也可以理解為節點數會隨著高度指數增加 (底數為 2)。

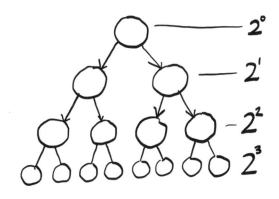

因此，完美平衡樹的效能是 O(log n)，其中「log」是以 2 為底的對數。

AVL 樹則存在一些空隙，每新增一層，節點數量增加的比例小於加倍。雖然 AVL 樹的效能也是 O(log n)，但這裡的「log」是以黃金比例 (即 ~1.618) 為底的對數。

這是一個細微但有趣的差異，由於底數不同，AVL 樹的效能不如完美平衡樹那麼好。但是，因為兩者都是 O(log n)，所以效能依然非常接近，只要知道它們並不完全相同即可。

MEMO

NP-hard 問題 | *B*

集合覆蓋問題（10-3 節）和**旅行推銷員問題**（1-22 節）都是很難找出最佳解的問題，你必須檢查每一種可能的情況，才能找出最小的集合覆蓋或最短路線。

　　這兩個都是「NP-hard」（NP 困難）問題。很多人會搞混 NP、NP-hard（NP 困難）、NP-complete(NP 完備) 問題，就連作者一開始也分不清楚這些術語。本附錄會解釋這些術語的含義，但在這之前，我要先解釋一些其他概念，右圖是學習的順序：

可滿足性問題

歸約 (reductions)

NP

NP-hard (NP 困難)

NP-complete (NP 完備)

　　在此先解釋什麼是**決策問題**（Decision Problem），因為接下來要探討的問題都屬此類。

B-1 決策問題
(Decision Problem)

　　「NP-complete」（NP 完備）問題必為**決策問題**，而**決策問題**的答案只有「是」與「否」兩種。**旅行推銷員問題**的目標是找出最短路徑，不算是**決策問題**，而是**最佳化問題**。

Note 我知道我在引言中提到要探討「NP-hard」問題,怎麼現在變成討論「NP-complete」問題呢?別擔心,我很快就會解釋它們之間的差別。

將旅行推銷員問題換種方式表述的話,一樣能變成**決策問題**:

「是否存在長度為 5 的路徑？」的答案只有「是」、「否」兩種。由於所有「NP-complete」問題都是**決策問題**，因此從**決策問題**開始講起，後面要探討的問題也都是**決策問題**，當你在本附錄的其餘部份看到**旅行推銷員問題**的相關討論，都是指**決策問題**的形式。

現在先從「NP-complete」的真正含意開始說起，不過在此之前得先了解**可滿足性** (SAT，satisfiability) 問題。

B-2 可滿足性問題

Jerry、George、Elaine、Kramer 四個人在點披薩，要如何決定配料才能迎合大家的喜好呢？

| 義大利辣香腸 | 臘腸 | 橄欖 | 洋蔥 |

Elaine：「我要加義大利辣香腸 (pepperoni)！」

Jerry：「義大利辣香腸跟臘腸 (sausage) 都很好吃，我們可以點辣香腸或臘腸！」

Kramer：「橄欖 (olives) 有助於維持好氣色，我要滿滿的橄欖，不然洋蔥 (onions) 也行。」

George：「Jerry，除了洋蔥以外都行，我不想再吃洋蔥了！」

Jerry：「喔！真麻煩，我想想看該加哪幾種配料。」

你可以幫 Jerry 嗎？大家的要求如下：

- 義大利辣香腸 (Elaine)

- 義大利辣香腸或臘腸 (Jerry)

- 橄欖或洋蔥 (Kramer)

- 不要洋蔥 (George)

先想想看該加哪些配料才能符合四個人的喜好，再往下看答案。

想出來了嗎？答案是義大利辣香腸和橄欖可以滿足所有要求。這是典型的 SAT 問題，虛擬碼可以這樣寫，首先宣告 4 個變數：

```
pepperoni = ?
sausage = ?
olives = ?
onions = ?
```

然後將四個人的需求以邏輯公式陳述：

```
(pepperoni) and (pepperoni or sausage) and (olives or onions)
and (not onions)
```

以上公式包含了每個人的要求，是典型的 SAT 問題陳述格式，你是否能為這些變數設定一些值，讓計算結果為 true ？

SAT 問題之所以有名，是因為它是第一個「NP-complete」問題（在 1971 年提出，不過本書作者不認為當年發表者是以 Seinfeld 為例子）。在此之前沒有「NP-complete」問題的概念。以下將示範 SAT 問題的陳述方式，先從簡單的邏輯公式開始：

```
if (pepperoni) and (olives or onions):
    print("pizza")
```

這些變數在什麼樣的條件下,會讓以上程式碼輸出「pizza」?

這個問題很簡單,當 pepperoni、onions 均為 true,其他為 false,就能輸出「pizza」。所以該**決策問題**的答案為「是」。

但以下這個答案會是「否」:

```
if (olives or onions) and (not olives) and (not onions):
    print("pizza")
```

任何變數組合都無法讓上段程式碼輸出「pizza」!

SAT 問題的答案只有「是」與「否」兩種,故屬於**決策問題**。

然而 SAT 沒想像中容易解,不信的話看以下這個例子:

```
if (pepperoni or not olives) and (onions or not pepperoni)
and (not olives or not pepperoni):
    print("pizza")
```

你不需要解決這個問題，本書只是想以它為範例，讓你了解 SAT 的問題有多難。當變數與條件一多，SAT 問題的難度就會快速上升。

n 種配料能組合出 2^n 種風味的披薩，將所有組合列出來、逐一配上答案，就能得到該問題的真值表。pepperoni and (olives or onions) 的真值表如右圖所示。

解題有時候得將所有組合都列出來比較，像前面的**集合覆蓋問題**跟**旅行推銷員問題**一樣。事實上，SAT 問題和這兩個問題一樣難，其 Big O 執行時間為 $O(2^n)$。

辣香腸	橄欖	洋蔥	答案
F	F	T	NO
F	T	F	NO
F	T	T	NO
T	F	F	NO
T	F	T	YES
T	T	F	YES
T	T	T	YES
F	F	F	NO

辣香腸及
(橄欖或洋蔥)

B-3 求解難、驗證快

一般而言，找到解決方案會比驗證解決方案要困難得多。舉個例子，用單字「cat」和「car」造一句回文 (正著讀跟倒著讀完全一樣)，你得花多長時間才想得出來？

我剛好知道有這麼一句：Was it a car or a cat I saw?

要驗證這句話是否為回文，要花的時間絕對比憑空造出該句話所花的時間還要少，所以驗證比求解更快！

SAT 問題與**集合覆蓋問題**或**旅行推銷員問題**一樣難以解決，但驗證解決方案卻容易很多。例如，前面的 (pepperoni or not olives) and (onions or not pepperoni) and (not olives or not pepperoni) 其實有個很乾脆的解法：

```
pepperoni = False
olives = False
onions = False
```

要驗證這個解決方案只需要將這些值代入公式並檢查結果是否為 true，畢竟驗證解決方案比找到解決方案快很多！

SAT 問題的解決方案驗證快，所以屬於 NP。

NP 有易解的也有難解的，但驗證容易可以在多項式時間內完成，而 P 是驗證快求解也快。

　　如果一個問題可以在多項式時間 (polynomial time) 內驗證及解決，則該問題屬於 P。

　　多項式時間代表其 Big O 不大於多項式。本書不會解釋多項式的定義，這裡有兩個多項式的例子你可以參考：

$$n^3 \qquad n^2 + n$$

　　至於以下這兩個就不是多項式：

$$n! \qquad 2^n$$

　　P 是 NP 的子集，因此 NP 包含 P 中的所有問題以及其他問題。

P 與 NP

你可能聽過著名的 P 與 NP 問題。我們剛剛提到求解快、驗證快的是 P。而 NP 中的問題驗證起來也快，但求解可能很快也可能很慢。P 與 NP 問題問的是，驗證快的問題是不是也能快速求解。如果是這樣，那 P 就不只是 NP 的子集，而是根本等於 NP。

　　在說明「NP-hard」前，得先 (簡略地) 介紹什麼是**歸約** (reduction)。

B-4 歸約 (reduction)

　　當你遇到難題時該怎麼辦？那就將問題轉換為比較好解決的形式！在現實生活中，當我們面臨難題時，轉換問題是很常見的做法。舉個例子，下面有兩個二進位數，如何將這兩個二進位數相乘？

```
101 * 110
```

　　如果你跟我一樣懶得用二進位乘法，但對十進位很熟，你可以將 101 轉換為十進位的 5，110 轉換為十進位的 6，再將 5 乘以 6 就完成了。

　　以上的動作就是**歸約** (reduction)，也就是將一個不知道如何解決的問題，轉化成一個你知道如何解決的問題，這在電腦科學領域中很普遍。

B-5 NP-hard

　　我們已經看過三個 NP-hard 問題的例子：

- **集合覆蓋問題** (Set-covering Problem)

- **旅行推銷員問題** (Traveling Salesperson Problem)

- **可滿足性問題** (SAT)

請記住，此處專指以上問題的決策版本，在本附錄中看到的所有問題都是決策問題。

前面提到的三個問題都是「NP-hard」，其定義為：如果 NP 中的所有問題都可以歸約到某個問題，我們就說這個問題是「NP-hard」。

你也可以將所有 NP 問題簡化為任何「NP-hard」問題。例如，將所有 NP 問題簡化為 SAT。

歸約還得滿足一個要求：要在多項式時間內完成。「在多項式時間內」很重要，因為沒人希望**歸約**造成額外的效能瓶頸。任何 NP 問題都可以在多項式時間內**歸約**為 SAT，所以 SAT 也屬於「NP-hard」。

由於任何 NP 問題都可以**歸約**為「NP-hard」問題，所以只要能在多項式時間內對「NP-hard」問題求解，就能在多項式時間內求出任一 NP 問題的解！

B-6 NP-complete

前面已經提過兩個相關定義：

● 不管求解快不快，只要驗證快即屬 NP。

● 任何 NP 均可**歸約**為「NP-hard」問題，故「NP-hard」相當於 NP 中最難的問題。

現在來看「NP-complete」的正式定義：既是 NP 又是「NP-hard」的問題。

「NP-complete」問題的特性為：

● 求解困難 (至少目前是這樣，除非有人證明 P = NP)

● 驗證容易

而且任何 NP 問題均可**歸約**為「NP-complete」問題。

以下整理了本附錄出現的專有名詞：

● 決策問題

● 可滿足性問題

● P 與 NP

● 歸約

● NP-hard

● NP-complete

這些術語很常出現在「NP-complete」問題相關討論，一定要搞懂！

B-7 本章摘要

● 求解快、驗證也快的問題屬於 P。

● NP 問題驗證很快，但求解快不快不一定。

● 若能為任何 NP 問題找出一個（多項式時間）快速求解演算法，則 P = NP。

● 任何 NP 問題均可**歸約**為「NP-hard」問題。

● 既是 NP 又是「NP-hard」的問題是為「NP-complete」問題。

M E M O

習題與解答 C

第 1 章

1.1 假設有一份經過排序的清單，清單內有 128 個名字，若用二元搜尋法來尋找名字，請問最差情況下需要多少個步驟？

答案 7。

1.2 如果清單的長度增加一倍，最多會需要幾個步驟？

答案 8。

請用 Big O notation 寫出以下情境的執行時間。

1.3 在電話簿中以名字來找出某個人的電話號碼。

答案 O(log n)。

1.4 在電話簿中以電話號碼來找出某個人的名字。(提示：必需將整個電話簿搜過一遍！)

答案 O(n)。

1.5 讀取電話簿內所有人的電話號碼。

答案 O(n)。

1.6 讀取所有名字為 A 開頭的人的電話號碼。(這題是陷阱題！會用到第 4 章才介紹的概念。看了解答後可能會讓你大吃一驚！)

答案 O(n)。你可能會認為：「只需要對 26 個字母的其中一個字母做搜尋，所以執行時間應該是 O(n/26) 才對！」。請記住一個簡單的規則，忽視加、減、乘、除的數字。這些都不是 Big O notation 的執行時間：O(n+26)、O(n-26)、O(n*26)、O(n/26)，這些其實都是 O(n) ！如果覺得很好奇，可以先翻閱 4-3 節的「進一步了解 Big O notation 的執行時間」有關常數部份的說明。(常數就是一般數字，本例的常數就是 26)。

第 2 章

2.1 假設你要寫一個記錄每天花費的記帳程式,到月底時檢視及加總當月的費用。像這樣的情況,插入資料的需求比較多,而讀取的需求較少。你應該選擇陣列還是鏈結串列呢?

1. 雜貨
2. 電影
3. SFBC 會員

答案 由於每天都會新增支出記錄,但每個月讀取支出記錄的次數不多。以陣列的特性而言,其讀取速度快、插入速度慢;而鏈結串列的讀取速度慢,插入速度快。由於此範例的插入比讀取頻率還高,所以選擇鏈結串列較合適。此外,鏈結串列只有在隨機讀取陣列元素時比較慢。此範例因為要讀取每個元素,所以使用鏈結串列在讀取上的表現較佳。

2.2 假設你正在替餐廳開發顧客點餐系統,服務生會持續將新的訂單輸入到系統裡,而廚師則會從系統中取出訂單。這是一個訂單「佇列」(queue):服務生將新訂單加到佇列的末端,廚師則是從佇列的前端取出第一筆訂單,並進行烹煮。

請問你該使用陣列還是鏈結串列來處理訂單佇列呢?(提示:鏈結串列的強項是新增和刪除;而陣列的強項是隨機存取)。這種情況你會採取哪一種資料結構呢?

答案 鏈結串列。因為過程中有許多插入的動作(服務生新增訂單),這剛好是鏈結串列的強項,廚師每次只會從佇列中拿取第一張訂單,所以不需要搜尋或是隨機存取。

2.3 我們來進行一個小小的思考訓練。假設 Facebook 有一份使用者名單，每當有使用者嘗試登入 Facebook 時，就會搜尋該使用者名稱。若在使用者名單中找到該使用者名稱，就能登入 Facebook。登入 Facebook 的人很多，所以會頻繁地搜尋使用者名單。若 Facebook 採用二元搜尋法來搜尋，二元搜尋法需要隨機存取，以確保可以立即從使用者名單的中間開始搜尋。在這樣的前提下，應該選擇陣列還是鏈結串列呢？

答案 使用排序好的陣列。陣列允許隨機存取，可以立即取得陣列的中間元素。用鏈結串列是辦不到的，若要讀取鏈結串列的中間元素，必須從第一個元素開始依序逐一讀取，直到讀取中間的元素。

2.4 Facebook 註冊的人數很多，假如選用「陣列」來儲存使用者名單，插入新使用者時會遇到哪些問題？還有，如果用二元搜尋法搜尋登入資料，在陣列中新增使用者時會發生什麼事呢？

答案 陣列的插入 (新增) 速度慢，而且若用二元搜尋法搜尋使用者名稱，陣列得先完成排序。假設 Adit B 註冊了 Facebook 帳號，他的使用者名稱會被插入在陣列的末端。所以每次新增使用者時都得重新排序！

2.5 事實上，Facebook 不用陣列也不用鏈結串列來儲存使用者資訊。也許我們可以考慮一個混合的資料結構，假設有一個由 26 個儲存槽組成的陣列，每個儲存槽都指向一個鏈結串列。例如，陣列的第 1 個儲存槽指向一個鏈結串列，這個鏈結串列存放了所有 A 開頭的使用者名稱。第 2 個儲存槽指向存放所有 B 開頭的使用者名稱，依此類推。

假設 Adit B 註冊了 Facebook 帳號，為了將 Adit B 加入使用者名單。得先到陣列的第 1 個儲存槽，再進入第一個儲存槽所指向的鏈結串列，然後將 Adit B 加到鏈結串列的最後一個位置。若要搜尋 Zakhir H，首先要到陣列的第 26 個儲存槽，這個儲存槽會指向存放 Z 開頭使用者名稱的鏈結串列。接著搜尋這個鏈結串列並找出 Zakhir H。

請試著將這個混和型的資料結構與陣列和鏈結串列做比較。它在搜尋和插入的速度比陣列和鏈結串列快還是慢？這題不需要用 Big O 執行時間，只要回答混合型的資料結構比較快或比較慢即可。

答案 搜尋：比陣列慢、但是比鏈結串列快。插入：比陣列快，但是與鏈結串列的執行時間一樣。換句話說，混和型的資料結構在搜尋時，其速度比陣列慢，但在其他方面比鏈結串列快或是一樣快。

我們之後會說明另一種混合型的資料結構 — **雜湊表**。你可以從此範例了解如何從簡易的資料結構建構出較複雜的資料結構。那麼 Facebook 到底使用哪種資料結構呢？實際上可能使用了數十種不同資料結構的資料庫。像是雜湊表、B- 樹或其他資料結構。陣列和鏈結串列是建構這些複雜的資料結構的基礎。

第 3 章

3.1 假設有個如右圖的 Call Stack，請問你從這個 Call Stack 得到什麼資訊？

答案 以下是你可能觀察到的訊息：

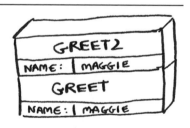

- greet 函式會先被呼叫，且 name 的值為 maggie。

- 接著，greet 函式會呼叫 greet2 函式，且 name 的值為 maggie。

- 此時，greet 函式尚未執行完畢，處於暫停的狀態。

- 目前的函式呼叫是 greet2。

- 當這個函式呼叫執行完以後，greet 函式會繼續執行。

3.2 假設不小心寫了一個無限循環（沒有停止點）的遞迴函式，如前面所說，電腦會為堆疊內的每個函式呼叫分配記憶體。如果遞迴函式不斷執行，最後會變成怎樣？

答案 堆疊會無限地增長。每個程式都會限制堆疊的可用空間，當空間用完時（終究會達到限制），程式就會因為**堆疊溢位**（stack overflow）而停止執行。

 第 4 章

4.1 請撰寫上述 sum 函式的程式碼。

答案

```
def sum(list):
  if list == []:
      return 0
  return list[0] + sum(list[1:])
```

4.2 請寫出一個回傳陣列元素數量的遞迴程式。

答案

```
def count(list):
  if list == []:
      return 0
  return 1 + count(list[1:])
```

4.3 寫一個遞迴函式，找出串列中最大的數字。

答案

```
def find_max(lst):
    if len(lst) == 2:
        return lst[0] if lst[0] > lst[1] else lst[1]
    else:
        sub_max = find_max(lst[1:])
    return lst[0] if lst[0] > sub_max else sub_max

lst = [1 , 3 , 5 , 7 , 9]
print(find_max(lst))
```

4.4 還記得第一章的二元搜尋法嗎？它也是一個 D&C 的演算法，請列出二元搜尋法的 Base Case 和 Recursive Case。

答案 二元搜尋法的 Base Case：只有一個元素的陣列。若要搜尋的目標元素與陣列內的元素相符，就表示找到目標元素，否則就表示目標元素不在此陣列中。二元搜尋法的 Recursive Case 為：將陣列分成兩半，先將其中一半擱置在旁，並用二元搜尋法搜尋另一半。

請以 Big O notation 描述以下各項操作會耗費多久的時間。

4.5 印出陣列內的所有元素。

答案 $O(n)$。

4.6 將陣列內所有元素的數值加倍。

答案 $O(n)$。

4.7 只將陣列內第 1 個元素的數值加倍。

答案 $O(1)$。

4.8 用陣列內的所有元素組成乘法表。如果陣列為 [2, 3, 7, 8, 10]，那麼你必須將所有元素先乘以 2，再乘以 3，然後乘以 7，依此類推。

答案 $O(n^2)$。

	2	3	7	8	10
2	4	6	14	16	20
3	6	9	21	24	30
7	14	21	49	56	70
8	16	24	56	64	80
10	20	30	70	80	100

 # 第 5 章

雜湊函式必須始終依照相同的輸入回傳對應的輸出，每次的結果都必須一致。如果結果不一致，就會找不到原先存放在雜湊表裡的元素。

下列哪些雜湊函式的輸入與輸出都是一致的？

5.1 f(x) = 1 ← 無論傳入什麼，結果都是「1」

答案 結果一致。

5.2 f(x) = random.random() ← 每次都回傳隨機的值

答案 結果不一致。

5.3 f(x) = next_empty_slot () ← 回傳雜湊表下一個空儲存槽的索引值

答案 結果不一致。

5.4 f(x) = len(x) ← 以字串的長度當作索引值

答案 結果一致。

假設以下四種雜湊函式都可以處理字串：

A. 不論輸入什麼，都回傳「1」。

B. 以字串的長度當作索引。

C. 以字串的第一個字母當作索引。意思是第一個字母為 a 開頭的所有字串都會被存到同一個儲存槽，依此類推。

D. 將每個字母對應到一個質數，例如：a=2、b=3、c=5、d=7、e=11，依此類推。字串的雜湊函式是「用對應的數字加總除以雜湊表的長度後所得的餘數」作為索引。例如，雜湊表長度為 10，字串為「bag」，其索引就是 (3+2+17)%10 = 22 %10 =2。

⋯⋯⋯⋯⋯⋯⋯⋯⋯⋯⋯⋯⋯⋯⋯⋯⋯⋯⋯⋯⋯⋯⋯⋯⋯⋯⋯⋯⋯⋯⋯⋯⋯⋯⋯⋯⋯

※ **編註：** 在 Python 中 % 是**求餘數** (remainder) 的運算符號。

請問下列的 3 個範例，使用上述的哪些雜湊函式可以得到最好的分配（複選）？雜湊表的預設大小為 10。

5.5 以電話簿裡的姓名為「鍵」，電話號碼為「值」。姓名分別為：Esther、Ben、Bob 和 Dan。

　　[答案] 雜湊函式 C 和 D，能提供較好的分配。

5.6 將電池大小對應到電量。電池大小分別為：A、AA、AAA 和 AAAA。

　　[答案] 雜湊函式 B 和 D，能提供較好的分配。

5.7 將書名對應到作者。書名分別為：Maus、Fun Home 和 Watchmen。

　　[答案] 雜湊函式 B、C 和 D，能提供較好的分配。

第 6 章

請用廣度優先搜尋法處理這些圖形，並找出解答。

6.1 請找出起點和終點的最短路徑。

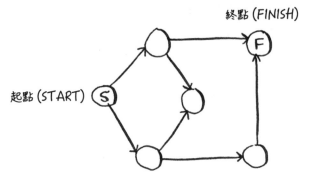

終點 (FINISH)

起點 (START)

答案 最短路徑的步驟數為 2。

6.2 請找出從「CAB」到
「BAT」的最短路徑。

終點 (FINISH)

起點 (START)

答案 最短路徑的步驟數為 2。

6.3 這是我從起床開始固定的生活作息圖。

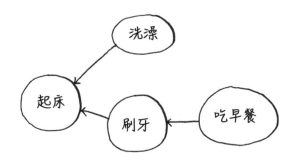

以下三種情形，哪些正確？哪些不正確？

A.
1. 起床
2. 洗澡
3. 吃早餐
4. 刷牙

B.
1. 起床
2. 刷牙
3. 吃早餐
4. 洗澡

C.
1. 洗澡
2. 起床
3. 刷牙
4. 吃早餐

答案 A － 不正確；B － 正確；C － 不正確。

6.4 請為底下這張圖列出
一份正確的順序表。

答案 1 － 起床；2 － 運動；3 － 洗澡；4 － 刷牙；5 － 換衣服；
6 － 準備便當；7 － 吃早餐。

6.5 以下哪些圖形為「樹」？

A.

B.

C.

答案 A － 樹；B － 不是樹；C － 樹。

最後一個圖是橫向的樹。樹是一種圖形的子集，所以樹都是圖形，但是圖形不一定是樹。

9.1 請問，以下各圖形從 START 到 FINISH 最短路徑的權重分別是多少？

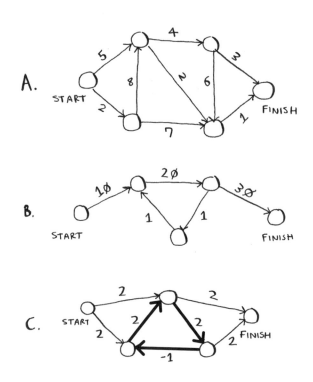

答案 A：8 (5 + 2 + 1)；B：60 (10 + 20 + 30)；C：是陷阱題。

以 C 的圖形而言，**其最短路徑是 4 (2 + 2)**。讀者一開始看到圖形上有負權重，可能會覺得這個圖形沒有最短路徑（因為 Dijkstra 演算法不適合用來計算負權重）。但圖形中間有個迴路 (cycle)，雖然邊線上有負值，但是順著迴路走到最後的總權重會是正值。只是每走一次迴路總權重就會變多（例如，選擇 START 下方的路徑，走一次迴路，總權重為 9；走二次迴路，總權重為 12、…依此類推），**所以跟著迴路走絕對找不到最短路徑，因為總權重會愈來愈多。**

第 10 章

10.1 傢具公司的員工必須將傢具運送到全國各地,因此得將一箱箱的貨品搬到貨車上,但是箱子的大小不一,要如何挑選適當的箱子,讓貨車發揮最佳的利用空間呢?請試試用貪婪策略,看能不能得到最佳的解決方案!

> 答案 貪婪策略的重點在於選擇能放進剩餘空間的最大箱子,並重複這個步驟直到無法再放入箱子。所以貪婪演算法無法替這個範例提供最佳解答。

10.2 到歐洲旅遊時,希望能在七天內盡可能遊覽最多景點。你可以事先替每個景點設定一個數值,數值愈高代表愈想去,並估算預計停留時間。要怎麼做才能在這趟旅程中排入最多想去的景點呢?請利用貪婪策略,看能不能得到最佳的解決方案。

> 答案 持續挑選最想去且能填滿剩餘時間的景點,直到無法再選擇下個景點為止。貪婪演算法無法替這個範例提供最佳解答。

 第 11 章

11.1 假設還有一個重 1 磅、價值 $1,000 的鍵盤,該不該偷呢?

> 答案 該偷。因為這麼一來就能拿走鍵盤、iPhone 和吉他,總價值為 $4,500 元。

11.2 如果打算揹一個容量 6 磅的背包去露營,可以帶去的物品如右,但是每個物品都有各自的重量以及露營的必備指數,數值愈高代表愈重要。

請問,哪些是適合帶去露營的最佳組合?

物品	重量	必備指數
水	3 磅	10
書	1 磅	3
食物	2 磅	9
外套	2 磅	5
相機	1 磅	6

> 答案 應該要帶水、食物和相機。

11.3 請繪製一個表格，計算 blue 和 clues 的最長共用子字串。

答案

		C	L	U	E	S
B	0	0	0	0	0	0
L	0	0	1	0	0	0
U	0	0	0	2	0	0
E	0	0	0	0	3	0

 第 12 章

12.1 上述的 Netflix 例子，使用距離公式計算兩位會員之間的距離。但是並非所有會員對電影的評分方式都一樣。假設 Yogi 和 Pinky 這兩位會員對電影的喜好相同。Yogi 只要覺得好看的電影，每部都評為 5 顆星，但是 Pinky 比較挑剔，只把 5 顆星留給最棒的電影。雖然他們的喜好相似，但以距離公式的結果來看，他們卻未相鄰。請問如何將他們的評分方式納入考量呢？

答案 你可以將資料**正規化** (normalization)。先檢視每個人的平均評分。例如，Pinky 的平均評分為 3，而 Yogi 的平均評分為 3.5。所以將 Pinky 的平均評分往上提高到 3.5 後，就可以在同一個平等的情況下比較兩個人的評分了。

12.2 假設 Netflix 建立了一個「意見領袖」的群組，而 Quentin Tarantino 和 Wes Anderson 是 Netflix 的意見領袖，他們的評分比重比一般會員重要。請問要如何調整推薦系統才能突顯意見領袖的評分重要性呢？

答案 使用 KNN 時，可以加重意見領袖的評分權重。假設有三個相鄰點：Joe、Dave 和 Wes Anderson (意見領袖)。他們給 **Caddyshack (瘋狂高爾夫)** 的評分分別為 3、4 和 5 顆星。由於 Wes Anderson 是意見領袖，所以不依照原本取平均值的方式 (3 + 4 + 5) / 3 = 4 顆星，而是加重 Wes Anderson 的權重：(3 + 4 + 5 + 5 + 5) /5 = 4.4 顆星。

12.3 Netflix 有數百萬會員，前面以 5 位距離最近的會員為例來建立推薦系統，請問這樣的數量太少還是太多？

答案 太少。若只觀察少數的相鄰點，最後可能會出現明顯的偏差。通常如果有 n 個會員，就應該觀察 sqrt(n) 個相鄰點。

MEMO

Bonus

客製化刷題機器人 –
驗證你的演算法學習成效

▌何謂「刷題」？

演算法是程式設計的基石，良好的演算法能夠大幅提高系統的性能，降低運算時間和資源消耗。許多科技公司在面試時，為了確認程式功力，會要求面試者在短時間內寫程式解決與演算法相關的問題，這種實作形式的面試稱為技術面試 (Coding Interview)。

有些網站會蒐集各大公司 Coding Interview 的考題，提供給眾多要求職的 IT 人員參考和練習，而在網站上反覆練習不同題目就稱為「**刷題**」。這些刷題網站 (如 LeetCode、Codeforces、HackerRank 等) 提供了不同難度級別的題目，並涵蓋各類型的演算法，早已是許多人準備技術面試時必備的工具。

然而如果沒有先打好演算法基礎，只靠死記來解題，會刷得很辛苦，因此同步搭配像本書這樣的演算法入門教材才是最佳解方。此 Bonus 會大致說明一般刷題的形式，之後會再介紹本書獨家附贈的客製化演算法刷題 GPT 機器人，讓你在閱讀本書的同時，也可以讀到哪、刷到哪，隨時都可以演練跟書中章節相關的練習題。

▌刷題的題型說明

一般刷題網站收錄的都是英文題目，會先用英文描述題目內容，並提供 2~3 個輸入和輸出的範例，你必須在網站上輸入程式碼並加以執行，網站會自動驗證輸出結果是否符合題意，若通過還會依照執行速度給予排名。以下是一個參考的題目：

Two sum #000

Problem 問題名稱　　　　有些網站會有固定編號，方便查閱

Given a list of integers nums and an integer k, return the indices of the two numbers that add up to k. Return the indices as a list [a, b], where a and b are the indices of the two numbers. The order of the indices does not matter. Each input would have exactly one solution, and you may not use the same element twice. If no such pair exists, return an empty list.

中文意思：傳入一個由整數元素組成的 list，以及一個整數 k。從該 list 找出兩個總和等於 k 的元素，並將其索引用 [a, b] 的形式傳回（順序不限，但不能重複用同一個元素）。如果找不到答案，傳回空 list。

（範例 1）
輸入：nums[1, 2, 3, 4, 5], goal = 7
輸出：[1, 4]

（範例 2）
輸入：nums[3, 5, 9, 6], goal = 8
輸出：[0, 1]

說明程式中輸入的資料型別、變數名稱等　　　　輸出型式

　　除了輸入、輸出的要求，許多題目也會有執行速度或不能用到額外空間等限制，要完全符合題意才算順利過關。

而你在刷題網站解題的過程也都會記錄在帳戶內，包括過關幾題、執行速度排名、不同難度的解題數量等，有些公司會看這些解題記錄，甚至要求要到指定的難度或題數才會面試，因此刷題記錄現在也算是 IT 人員個人履歷的一部分。目前知名度最高、也最多人使用的刷題網站為 Leetcode，其他包括：HackerRank.com、InterviewBit.com、HackerEarth.com、codewars.com 等也有不少用戶。

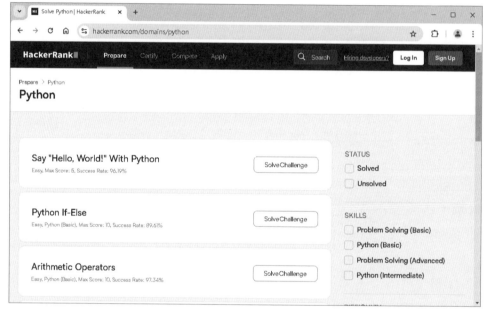

▲ 刷題網站有各種類型的題目可供初學者演練

　　這些網站除了提供一些「考古題」之外，也有不少程式設計相關資源可以參考，目前普遍也都發展成技術社群，可以幫助入門的程式設計師不斷精進程式功力。以 Leetcode 為例，會將收錄的題目編號，每一題也都會有討論區，讓大家可以發問或詢問解題的提示（但不能直接在此公布解答），礙於網站政策，此處無法深入介紹網站功能，請各位參考網站說明來操作。如果覺得看英文介面吃力，Leetcode 也有簡體中文版「力扣」，功能是一樣的。

▍獨家附贈 GPT 刷題機器人

本書作者致力於用最輕鬆的口吻,詳細拆解每個演算法的細節,也設計一些程式範例進行驗證,透過親手實作讓你有感體驗。不過由於篇幅有限,無法提供更多題目供讀者實際演練,因此小編特地配合書中章節內容,設計了一個 GPT 刷題機器人,讓你在充分理解各章節內容後,可以搭配此機器人進行刷題,累積實作經驗,之後就可以無縫接軌上刷題網站解題。

GPT 機器人初體驗

此處小編為本書打造了專屬的刷題機器人,可以上網搜尋特定演算法的面試題目,讓你進行演練。

由於這個機器人是基於 ChatGPT 的功能下運作,因此要先註冊並登入 ChatGPT 帳號,才能使用本機器人。你可以直接掃描 QRCode,或是輸入以下網址,開啟此 GPT 機器人:

▲ GPT 刷題機器人 QRCode

```
https://bit.ly/flag_gpt709
```

開啟 GPT 機器人的對話頁面後,如下圖所示,可以看到跟一般的 ChatGPT 對話頁面完全一樣,只有畫面中間的圖示不太一樣,因為現在跟我們交談的不是那個通用的 ChatGPT,而是專門用來刷題的 GPT 機器人。

從這裡可以確認正與哪個 GPT 機器人對話　　　　　　對話的主頁面

近期對話過的機器人會顯示在側邊欄上方，以後可以直接從這裡開啟

也可以按此搜尋 "演算法刷題高手"，找到此 GPT 機器人

1 點選此指令，請 GPT 隨機出一題來練習

2 接著會隨機出題供你演練（你看到的題目可能會跟畫面不同）

這裡有錯

```
def search(nums, target):
    left, right = 0, len(nums) - 1
    while left < right:
        mid = (left + right) // 2
        if nums[mid] == target:
            return mid
        elif nums[mid] < target:
            left = mid + 1
        else:
            right = mid - 1
    return -1
```

3 可以直接輸入程式碼，讓 GPT 機器人幫你看看對不對

你的程式碼接近正確，但有一個細微的錯誤在 `while left < right` 條件判斷上。二元搜尋法的邊界條件應該是 `while left <= right`，否則在某些情況下會跳過 `left == right` 的比較，導致無法正確搜尋目標值。當 `left == right` 時，仍有可能找到目標元素。

4 若解答有誤的話，這個 GPT 機器人也會點出問題，通常也會列出正確答案

投降...解不出來

5 若實在解不出來，也可以要求提示或直接要求給答案

沒問題，這裡是這題的解答，並且我會詳細解釋原理：

```python
def binary_search(nums, target):
    left, right = 0, len(nums) - 1

    while left <= right:
        mid = left + (right - left) // 2  # 防止溢位的寫法
        if nums[mid] == target:
            return mid  # 找到目標，返回索引
        elif nums[mid] < target:
            left = mid + 1  # 如果中間值小於目標，往右半邊找
        else:
            right = mid - 1  # 如果中間值大於目標，往左半邊找

    return -1  # 沒找到目標，返回 -1

# 測試資料
nums = [-1, 0, 3, 5, 9, 12]
target = 9
result = binary_search(nums, target)
print(result)  # 輸出：4
```

列出參考解答

解題原理：

1. **初始化左右指針：** `left` 指向陣列的開頭，`right` 指向陣列的結尾。

2. **重複進行二元搜尋：** 每次計算中間位置 `mid`，檢查 `nums[mid]` 是否等於目標

詳細的程式解說

這是典型的二元搜尋問題，該演算法在《世界第一簡單的演算法》第1章的二元搜尋法部分有詳細介紹，並且強調了它的時間效率。

超過使用次數？

此處要先提醒你，由於 GPT 機器人算是 ChatGPT 的進階服務，若你使用的是免費方案的 ChatGPT，使用進階功能有一定次數限制，每 3 小時約 15 次左右，因此需要留意相關的次數限制。若真的到達上限了，就要麻煩你過一陣子再回來使用了：

> 你已達到 GPT 的使用上限。
> 升級至 ChatGPT Plus 或於 晚上10:32 後. 再試一次
>
> 取得 Plus
>
> 📎 傳訊息給 演算法刷題高手(旗標科技)

▲ 超過次數限制，要到指定的時間過後才能再次使用

指定章節或特定演算法的題目

由於小編事先將本書主要內容餵給 GPT 機器人，所以只要你跟它說目前看到哪一章，它會依照你閱讀的範圍或指定章節來出題，就不怕出現你還不會的演算法題目。

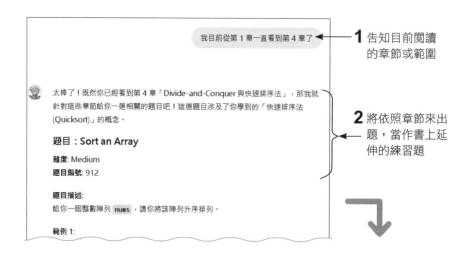

我目前從第 1 章一直看到第 4 章了 ◀━━━ **1** 告知目前閱讀
　　　　　　　　　　　　　　　　　　　　　　 的章節或範圍

太棒了！既然你已經看到第 4 章「Divide-and-Conquer 與快速排序法」，那我就針對這些章節給你一道相關的題目吧！這道題目涉及了你學到的「快速排序法 (Quicksort)」的概念。　　**2** 將依照章節來出
　　　　　　　　　　　　　　　　　　　　　　 題，當作書上延
題目：Sort an Array　　　　　　　　　　 伸的練習題

難度: Medium
題目編號: 912

題目描述:
給你一個整數陣列 `nums`，請你將該陣列升序排列。

範例 1:

▲ 當然也可以聚焦在特定主題，像是本章最後作者介紹的進階演算法，礙於篇幅無法提供範例演練，就可以利用刷題機器人來出題練習

除了上述所提及的功能外，此 GPT 機器人本質上還是 ChatGPT，因此你還是可以像平常使用 ChatGPT 的方式來操作，相關功能也不打折扣喔！

小編會不定時擴充此 GPT 機器人的功能，可以隨時問它：「**你有什麼特殊功能**」，就可以呼叫出隱藏的功能選單囉！

MEMO

世界第一簡單的
演算法

世界第一簡單的
演算法